从 Arduino 到 Raspberry Pi：
高校开源硬件创客教育的应用与实践

何 洋 著

中国原子能出版社

图书在版编目（CIP）数据

从 Arduino 到 Raspberry Pi：高校开源硬件创客教育
的应用与实践 / 何洋著. --北京：中国原子能出版社，
2024.4（2025.3 重印）

ISBN 978-7-5221-3357-7

Ⅰ. ①从… Ⅱ. ①何… Ⅲ. ①程序设计 Ⅳ.
①TP311.1

中国国家版本馆 CIP 数据核字（2024）第 074849 号

从 Arduino 到 Raspberry Pi：高校开源硬件创客教育的应用与实践

出版发行	中国原子能出版社（北京市海淀区阜成路 43 号　100048）
责任编辑	刘东鹏
装帧设计	邢　锐
责任校对	冯莲凤
责任印制	赵　明
印　　刷	北京天恒嘉业印刷有限公司
经　　销	全国新华书店
开　　本	787 mm×1092 mm　1/16
印　　张	9
字　　数	225 千字
版　　次	2024 年 4 月第 1 版　2025 年 3 月第 2 次印刷
书　　号	ISBN 978-7-5221-3357-7　　　定　价　50.00 元

网址：**http://www.aep.com.cn**　　　　E-mail：**atomep123@126.com**
发行电话：**010-68452845**

版权所有　侵权必究

前　言

在当今信息时代，科技的迅速发展和社会的不断变革正在深刻地影响着教育领域。传统的教育模式面临着新的挑战和机遇，而创客教育作为一种新兴的教育理念和方法，正在为教育培养注入新的活力。本书立志于探讨和分享高校开源硬件创客教育在现代教育中的应用与实践，特别关注从 Arduino 到 Raspberry Pi 这一发展轨迹，为教育界、科研界以及创客教育实践者提供一个全面的视角和有益的指导。

本书汇集了作者近些年在教学、竞赛指导、大学生科研训练计划项目和社会科技服务方面的丰富经验，并以浙江农林大学暨阳学院为例，将这些经验融入创客教育的探讨中。在这个过程中，我们深刻感受到创客教育作为一种促使学生主动参与、自主探究和实践创新的教育模式，对于培养学生的综合素质和创新思维的重要性。

从理论到实践，从平台介绍到案例分析，本书将全方位地探讨开源硬件创客教育在高校中的应用。通过展示编者在浙江农林大学暨阳学院的实践案例，我们希望读者能够更加具体地了解创客教育在实际教学中的落地方式和效果。这些案例涵盖了学科竞赛指导、大学生科研训练计划项目、社会科技服务等多个方面，旨在为读者提供丰富的实践经验和灵感，以便将创客教育融入自己的教学和实践中。希望本书能够为广大教育者、学生和创客实践者提供有益的借鉴和指导，推动开源硬件创客教育在高校中的深入应用与发展。

本书是浙江省十三五教学改革项目"基于产学协同项目制的机械制造课程群一体化教学模式探索"（jg20180495）的研究成果之一。

本书出版得到浙江农林大学暨阳学院各级领导和老师，特别是彭樟林、姚文斌、范兴铎等老师的关心和支持，在此一并表示感谢！由于作者水平有限，书中如有不妥之处，欢迎广大专家、读者批评指正。

作　者

目　录

第1章 绪 论

1.1 研究的背景和意义

自改革开放以来，我国经济经历了40多年的高速发展，已经成为世界第二大经济体。这一过程不仅带来了巨大的经济总量和国际影响力的重大提升，还对中国社会经济结构产生了深远的影响。然而，随着发展进程的推进，一些问题也逐渐凸显出来，如经济主要依赖传统的产业结构，导致资源浪费、环境污染和经济增长下行压力。与此同时，中国还面临来自全球经济的挑战和变化，如市场全球化与财政主权的冲突、中美两国制度差异和战略竞争的影响。为了应对全球挑战，提高国际竞争力，推动经济结构调整和可持续发展，我国必须加快创新步伐。在全球经济竞争中，人工智能、量子技术、半导体、生物技术等战略性新兴领域的科技竞争日益激烈，我国需要加大技术创新和产业升级的力度。政府已经采取了一系列措施推动创新，包括加大科研投入、改革知识产权保护制度、支持创新企业和创新团队等。然而，中国在推动创新发展过程中仍面临一些挑战，如技术创新能力和环境的不足、企业研发投入的不足、知识产权保护等问题。因此，中国需要进一步改革创新体系，提高科技创新的质量和效益，加强基础研究和应用研究的结合，加强知识产权保护，提升人才培养和引进水平，加强产学研用结合，促进创新和产业的深度融合。

当前中国经济增长速度从高速增长逐渐转向中高速增长的阶段，并注重质量效益、结构调整和可持续发展，进入了新常态，为寻找中国经济增长的新动能，党的十八届五中全会提出了"创新"作为引领发展的第一动力。正是在这一背景下，"大众创业、万众创新"的理念应运而生并成为国家经济发展的新引擎。"大众创业、万众创新"的热潮在中国社会蓬勃兴起，不仅为中国未来经济发展提供有力而持久的支撑，而且将对经济社会产生巨大而深远的影响。

在这个新常态下，越来越需要具备创新思维、适应变革的能力及能解决复杂问题的创新型人才。而传统的教育模式往往注重理论知识的传授，实践环节较少并且主要是验证性实验为主，缺少培养学生创新能力的机会。因此，创新创业教育的模式受到了越来越多的关注。然而，传统的创新创业教育主要关注创业方面，而创新教育往往局限于实践课程、创新项目和学科竞赛的形式，这种教育模式并不足以全面培养符合时代需求的新一代人才。因此，基于开源硬件的创客教育作为一种新兴的教育模式备受关注。开源硬件创客教育通过自主设计和制作硬件项目，学生可以将所学的理论知识应用于实际问题的解决中，培养解决问题的能力、创新意识和团队合作能力。

目前，基于开源硬件的创客教育在中小学已经广泛开展，并且这一趋势在全球范围内迅速发展。开源硬件创客教育为中小学生提供了实践和创造的机会，培养了他们的创新思维、解决问题能力和实践动手能力。然而，整体而言，中小学的创客教育集中在利用电子元器件制作小作品和编程，系统化的学习还比较少，并且由于资金等问题，学生的参与面并不广，大多数同学往往没有机会参与。当学生进入高等学校后，他们可能面临一些挑战，例如缺乏相应的技术积累、缺乏足够的资源和设施支持、师资队伍建设不足、课程设计缺乏统一的框架和指导等。

因此，如何在高等学校中开展创客教育，并与中小学阶段的创客教育有机衔接，并卓有成效地开展，逐渐成为一个突出的课题。这需要高校将创客教育与专业知识结合起来，鼓励学生在大学期间参与更具创意的创客项目，为他们未来的职业生涯中的创新创业奠定坚实的基础。

1.2　核心概念

开源硬件创客教育是一种基于开放、共享和合作的教育模式，旨在培养学生的创造力、创新能力和解决问题的能力。为方便理解，现将相关核心概念介绍一下。

1.2.1　开源硬件

开源硬件（Open Source Hardware）是一种开放、共享和可自由使用的硬件设计和制造方式。与传统的非开源硬件不同，开源硬件的设计、文档和源代码都是公开的，任何人都可以查看、学习、修改和分享。开源硬件鼓励合作、创新和共享，促进了知识的传播和技术的发展。

开源硬件的概念源于开源软件运行的成功经验。类似于开源软件，开源硬件的设计和制造过程都是透明的，任何人都可以参与其中。这意味着个人、学术机构和企业可以自由地访问、使用和改进硬件设计，无须支付高昂的许可费用或受限制的使用条款。开源硬件的设计文档和源代码通常以开放的许可协议发布，以保证其开放性和可共享性。

开源硬件的发展推动了创客教育、创业创新和社区合作的发展。它为个人和小型团体提供了低成本、自由度高的硬件制作和创造的机会。开源硬件社区的成员可以共享设计和经验，相互学习和合作，从而推动技术的进步和应用的多样化。

1.2.2 创客教育

"创客"一词源于美国人克里斯·安德森所著的《Makers：The New Industrial Revolution》一书，将创客定义为"不以营利为目标、在个人兴趣和爱好的驱动下把创意转变为现实的人"[1]。当下，创客是创意者、设计者、创业者的统称，指具有创新思维及创新想法，乐于设计和分享，注重动手实践，努力把各种创意转变为现实的个人或群体。

创客教育是一种基于实践和创造的教育模式，旨在培养学生的创新思维、动手能力和解决问题能力。它强调学生通过实际项目和实践活动来学习和应用知识，通过自主探究和合作学习来培养创新能力和团队合作精神。创客教育的核心理念是学以致用。它通过将学生嵌入实际问题和情境之中，点燃他们内心的好奇心和热情，培养他们的实践技能和解决难题的能力。同时，创客教育强调学生的自主性和积极性，激发他们主动探索的欲望。它架构在跨学科的基础上，鼓励知识融汇贯通、综合应用，从而培养学生全面的思维。团队协作和社会互动被赋予重要地位，强调在集体中相互学习、共同创造的价值。此外，创客教育持续强调实践和反思之间的无限循环，让学生在实际实践中不断汲取经验，然后通过反思不断完善自己。

创客教育是一种以实践和创造为核心的教育模式，通过培养学生的创新思维、动手能力和问题解决能力，促进学生全面发展和终身学习能力的培养。创客教育强调学以致用、自主性和主动性、跨学科融合、团队合作和社会互动、实践和反思的循环。它为学生提供了一个积极、开放和富有挑战性的学习环境，培养他们的创新精神和实践能力，为未来的发展和成功奠定了坚实的基础。

1.2.3 创客空间

创客空间是一种特殊的学习和创造环境，为学生、创客和创业者提供了一个开放、共享和创新的场所。它旨在激发创意、培养技能、促进合作和推动创新。创客空间不仅是一个物理空间，更是一个知识共享和社交互动的社区。创客空间的核心理念是"做中学"（Inquiry based science education），强调学生通过实践和实际项目来学习和应用知识，注重合作和社区互动，是跨学科融合的平台，创客空间还鼓励创业和创新创造。

1.2.4　3D 打印

3D 打印技术是一种快速成型技术，它利用计算机辅助设计（CAD）模型将数字文件转化为物理对象。通过将物料层层堆积，逐渐构建出三维结构，3D 打印技术可以制造出复杂的实体模型和功能部件。这项技术在创客教育中扮演着重要的角色，为学生提供了实践、创造和探索的机会，培养了他们的创新思维、解决问题能力和动手实践能力。

1.2.5　开源软件

与开源硬件相似的是，开源软件也涉及开放、共享和自由使用的理念，开源软件是指可以被任何人自由访问、使用、复制、修改和分发的软件。它的源代码公开可见，任何人都可以查看和修改源代码以适应自己的需求。开源软件的概念源于自由软件运行，强调自由和共享的价值观，并鼓励合作、创新和知识的共同构建。在创客教育中，开源软件扮演着重要的角色，为学生提供了学习、实践和创造的机会，培养了他们的技术能力、创新思维和合作精神。

在创客教育中，有许多开源软件被广泛应用于各种创客活动和项目。这些开源软件提供了丰富的工具和资源，用于设计、编程、模拟和控制等方面。以下是一些常见的开源软件在创客教育中的应用。

Arduino IDE：Arduino 是一种广泛使用的开源硬件平台，它也有自己的开源软件开发环境。Arduino IDE 提供了一个简单易用的界面，用于编写和上传代码到 Arduino 开发板，使学生能够快速上手进行硬件编程。

Scratch：Scratch 是一种图形化编程语言，旨在帮助学生学习编程概念和逻辑思维。它通过拖拽积木块的方式，让学生可以轻松地创建交互式的动画、游戏和故事。Scratch 也支持与 Arduino 等硬件的集成，使学生能够将编程与实际物体的交互结合起来。

Python：Python 是一种简单易学且功能强大的编程语言，广泛应用于各个领域，包括创客教育。Python 具有清晰的语法和丰富的库，使学生能够进行数据处理、图像处理、网络编程等任务。Python 也可以与开源硬件平台如 Arduino 和 Raspberry Pi 结合使用，实现更复杂的创客项目。

OpenSCAD：OpenSCAD 是一种基于文本描述的 3D 建模软件，它允许用户使用简单的脚本语言来创建三维模型。在创客教育中，OpenSCAD 可以用于教授学生如何进行 3D 建模和打印。学生可以使用 OpenSCAD 创建自己的设计，并通过 3D 打印将其变为实际的物体。

FreeCAD：FreeCAD 是一种功能强大的开源 CAD 软件，用于进行复杂的 3D 建模和设计。它提供了丰富的工具和功能，适合学生进行更高级的 3D 建模和设计项目。FreeCAD 支持多种文件格式，并具有易于学习和使用的界面。

除了上述软件之外，还有许多其他开源软件在创客教育中被广泛使用，如 GIMP（图像编辑）、Inkscape（矢量图形编辑）、Blender（三维动画）、OpenCV（计算机视觉）、LibreCAD（2D CAD）等。这些软件提供了广泛的功能和应用领域，帮助学生进行创新、设计和实践，拓展了他们的创客能力和视野。

1.3　国内外研究现状综述

1.3.1　开源硬件的国内外应用现状

"开源硬件"概念正式确立源自 1997 年，开源运行的发起人之一，也是无线电发烧友（HAM）的布鲁斯·佩伦斯首次发起的"开源硬件认证计划"。其目的是让硬件制造商能够自行认证他们的开放硬件产品。该计划允许用户为设备更换操作系统，同时确保即使制造商倒闭，仍能有人为设备编写新的软件。1998 年，荷兰代尔夫特理工大学的雷纳德·朗伯茨在互联网上建立了第一个开源硬件协作项目组 Open Design Circuits，致力于协作设计开放、低成本的电路。

开源硬件运行的再次飞跃可以追溯到 2005 年，当时意大利的物理学家马西莫·班尼尼（Massimo Banzi）[2]与他的团队开发了一款名为 Arduino 的开源微控制器（图 1-1）。

图 1-1　Arduino Uno 开发板

Arduino 的诞生标志着开源硬件的兴起，它为普通人提供了一个易于使用和开发的硬件平台，极大地推动了开源硬件的发展。

近年来，开源硬件在全球范围内得到了广泛的应用和发展。开源硬件社区迅速扩大，吸引了众多的创客、学者、制造商和爱好者。开源硬件的设计和制造过程通过数字化制造技术的进步变得更加容易和便捷，使得开源硬件的生产成本降低，加速了创新的迭代和快速原型开发的过程。

开源硬件的应用领域非常广泛。它被广泛应用于教育、科学研究、物联网、机器人技术、自动化控制系统、艺术与创意等领域。在物联网领域，开源硬件与传感器和无线通信技术结合，创建智能家居、智能农业等应用。机器人技术、自动化控制系统和艺术与创意领域也都受益于开源硬件的应用[3]。

开源硬件的发展也促进了社区的合作和共享。开源硬件社区是一个由创客、学者、制造商和爱好者组成的全球性网络，他们共享设计、文档、教程和经验。通过社区的合作和交流，开源硬件得以不断改进和演进，新的创意和应用不断涌现[4]。

随后，另一种让人耳熟能详的开源硬件树莓派（Raspberry Pi）的出现进一步推动了开源硬件运行的蓬勃发展。2006 年，当时一群位于英国剑桥大学计算机实验室的教师和学生开始思考如何提高学生的编程和计算机科学教育水平。他们意识到传统的计算机硬件价格昂贵，限制了学生的学习和实践机会。为了解决这个问题，他们决定设计一款低成本、易于使用的计算机硬件，以促进学生的计算机编程和创造力的培养。

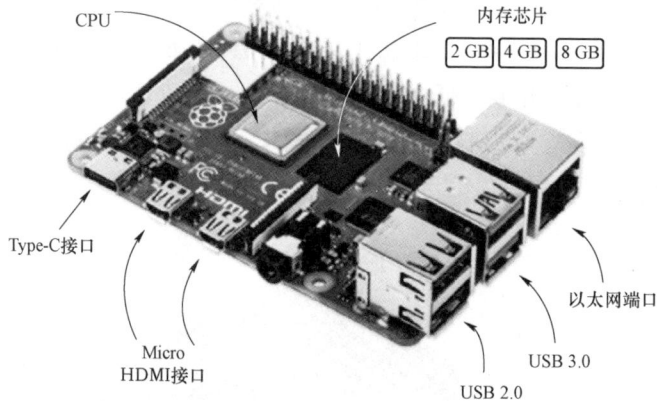

图 1-2　树莓派（Raspberry Pi）及其端口

经过几年的研发和测试，2008 年 Raspberry Pi 基金会成立，并开始设计和开发 Raspberry Pi 计算机。该基金会的目标是通过开发低成本的计算机硬件和提供免费的编程资源，推动全球的计算机科学教育。2012 年，第一代 Raspberry Pi 计算机推出，并迅速受到了全球的关注和欢迎。这款卡片大小的计算机拥有强大的处理能力和丰富的扩展接口，能够运行多种操作系统，并支持多种编程语言。Raspberry Pi 的低成本和易用性使得学生、教育机构和爱好者们能够轻松地进行编程、创客和电子项目的实践。随着时间的推移，Raspberry Pi 不仅在教育领域得到了广泛应用，还被广泛用于物联网、嵌入式系统开发、智能家居和科学实验等领域。其强大的功能和灵活性使得各行各业的人们能够通过创意和创新来实现各种应用和解决方案。

随着越来越多的开源硬件开发出来，硬件产品参差不齐，为了给开源硬件创作者提供一种免费且便捷的方式，确认其项目符合开源硬件社区对开源硬件的定义。2010 年，一群开源硬件爱好者和专业人士共同成立了开源硬件协会（Open Source Hardware Association，简称 OSHWA），2016 年，由开源硬件协会发起了开源硬件开放硬件认证计划（Open Source Hardware Certification Program，简称 OSHWA 认证计划），开源硬件认证计划为我们提供了一个简单的方式来跟踪自该计划启动以来全球开源硬件的发展。

2021 年 7 月 21 日，开源硬件协会举办了年度开源硬件峰会，基于 OSHWA 开放硬件认证计划、年度开放硬件峰会和年度开放硬件社区调查的数据，推出了《2021 年开源硬件状况》[5]调查报告。自第一届开源硬件峰会以来，开放硬件得到了长足的发展，新兴的社区为全球各地探索新应用提供了创造新硬件的机会。数百件开源硬件已被除南极洲以外的所有大陆的国家认证为符合开源硬件定义。开源硬件认证计划为我们提供了一个简单的方式来跟踪全球开源硬件的发展。这些数据现在可以通过 API 访问，展示了开源硬件社区如何发展成为一个真正的国际运动。如今，这个社区已经认证了来自 45 个国家的硬件产品，覆盖了除南极洲以外的每个大洲，如图 1-3 所示。

图 1-3　开源硬件认证的发展过程

许多创业公司都选择利用开源硬件进行产品开发。同时，许多学者也为开源硬件社区的多样化做出了贡献。非营利组织在学术界、环境保护、科学、医疗等领域通过各种方式扩大了开源硬件的影响力。社区调查的结果清楚地表明，人们出于不同的原因接触开源硬件，并且一旦开始使用，就会被其深深吸引。社区成员进行研究、设计改进，并在现有设计基础上进行创新，以实现自身的目标。开源硬件在教育、商业产品开发和其他领域得到广泛应用。

OSHWA 认证了广泛范围的开源硬件项目。项目经理们最常将他们的硬件定义为电子产品。但当我们超越电子产品范畴，我们将能够更好地理解开源硬件社区的广度，揭示出构成开源硬件社区的国家和类别的多样性。2021 年度峰会统计数据（图 1-4）可以看出，开源硬件认证主要集中于 3D 打印、物联网、环境监测、机器人、可穿戴设备、声音检测、教育、工具等领域，主要集中于美国、保加利亚、法国、德国、印度、墨西哥、西班牙、瑞典、瑞士、英国等国家。

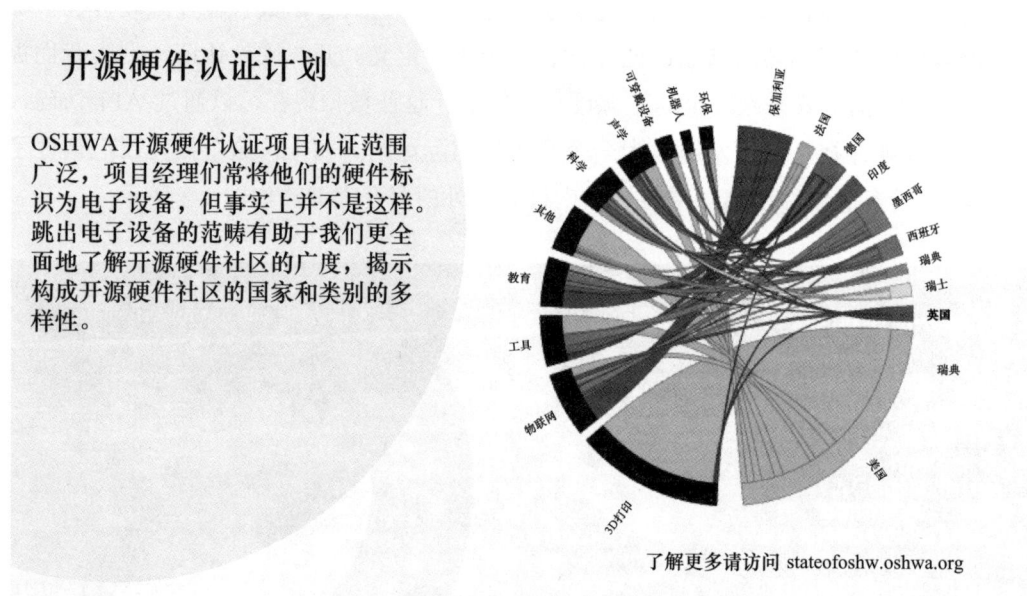

图 1-4　开源硬件认证领域及国家分布情况

自举办第一届开源硬件峰会以来，开源硬件社区已经蓬勃发展。这个社区不断壮大，吸引了一群各行各业的人，他们从事着各种各样的硬件项目。从科研人员到音乐家、从教育工作者到设计师、从跨国公司到本地创客空间，开源硬件的发展方向涵盖了几乎所有可能的领域，如图 1-5 所示[6]。

开源硬件认证项目的主要领域：不仅仅是微控制器

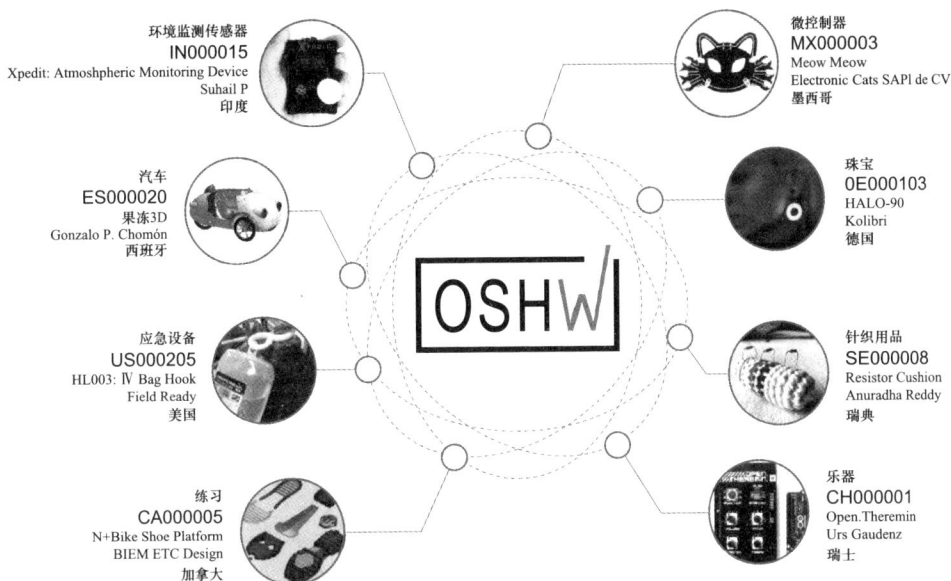

图 1-5　开源硬件认证项目的主要领域

1.3.2　创客教育的国内外研究现状

　　"创客文化"最初起源于美国硅谷一家非营利组织"Make"，该组织提倡激励人们尝试用自己的手去创造产品、改造产品，让人们了解技术的本质、提高技术的运用能力、增强创新能力。在这一理念下，这种文化正逐渐演变为一种社会现象，并渗透到各个领域中，包括教育领域。"创客文化"是一种以创新性和创造性为核心的文化，强调人们需要乐于尝试、敢于创新，并通过学习、实践、分享和交流等方式加强创新能力的提升。创客文化最重要的特点，就是强调个人的独立思考和自主创造精神的发扬。

　　如今，越来越多的高校开始倡导"创客文化"，并将其融入学生的课程中。例如，北大、清华、浙大等国内知名高校，都在各自的创新创业中心或者创客实验室中，通过举办创意比赛、创业项目孵化、技能培训、资源共享等活动，激励学生发挥自己的创造力和想象力，创造有价值、有影响的作品。

　　"创客文化"是一种注重创造、分享和协作的文化现象，它在教育、创新和社会发展等方面具有重要的应用价值。"创客文化"鼓励学生自主创新，提高他们从传统的、被动接收的角色转化为拥有主人翁精神的、积极开拓新局面的思维方式，使学生的独立思考能力得到了锻炼与提高。"创客文化"放开了创新创意的思维空间，学生可以通过创新性的实践活动来实现自己的创意。通过不断地尝试和实践，学生更加了解自己的兴趣和擅长领域，能更好地运用技术和知识去构建或改造产品，更好地发挥自己的创造力。"创客文化"提供了广阔的交流平台和学习资源，使高校学生可以和国内外创客们一同进步。通过接触专业的创客们和参加各种融合传统手工艺和数字化技术的技术分享会，不但能获取有关技术知识和模块，敞开创新创意的思维，还能更深层次地了解其他领域，拓宽自己的眼界。高校提倡"创客文化"，通过搭建良好的平台，鼓励学生参与其中的创新创业活动，能帮助学生更好地激发创新创意，增强自身的竞争力和应对社会现实生活的勇气，也有利于学生为将来职场和生活奠定基础。

"创客文化"的推进离不开全校教职员工和学生的积极参与。在学生的角度来看，"创客文化"的价值在于培养学生兴趣，拓宽视野，使他们成为自主能力强、创造能力强的未来领袖。在教师的角度来看，"创客文化"不仅是一种将理论和技术具体应用的途径，还是一种更好地发掘学生潜力、促进学生自主学习的教育方式。

近年来，高校创客教育取得了快速发展。各大高校纷纷设立创客空间、创新实验室和创新创业中心，为学生提供了创新创业的平台和资源支持。同时，高校在课程设计和教学方法上进行了积极探索，将创客教育融入到课堂教学和实践项目中。

在教育模式方面，高校创客教育倡导学生的主动参与和自主学习。学生通过参与创客活动、项目实践和竞赛等形式，培养了解决问题、团队合作和创新思维的能力。创客教育鼓励学生从实践中学习，通过自己动手制作和实践来掌握知识和技能。在课程设计方面，高校创客教育注重培养学生的实践能力和创新思维。创客课程通常涵盖了设计思维、原型制作、电子电路、编程和项目管理等内容。学生通过实际项目的开发和实施，学习到了实践中的问题解决和创新方法。在教学方法方面，高校创客教育采用了多样化的教学方法。除了传统的讲授和实验课程，学生还参与到团队项目、合作研究和社区活动中。教师在创客教育中更多地充当指导者和引导者的角色，鼓励学生的自主学习和自主探究。

高校创客教育作为一种新兴的教育模式，受到了广泛的关注和研究。学者们通过文献研究，探讨了高校创客教育的发展现状、教学模式、影响因素以及面临的挑战和机遇。在高校创客教育的发展现状方面，研究者们普遍认为高校创客教育正处于快速发展阶段。学校纷纷设立创客空间、创新实验室和创新创业中心，为学生提供了创新创业的平台和资源支持（Jason Alexander 2015）[7]。创客教育的课程设计和教学方法也得到了积极的探索和实践，学校尝试引入项目导向的教学模式，注重学生的实践能力和创新思维的培养（Nørgård，Rikke Toft，2021）[8]。教学模式方面，项目导向的教学模式是最常见的一种。学生通过参与创客活动、项目实践和竞赛等形式，锻炼了解决问题、团队合作和创新思维的能力（Liu B et al.，2023）[9]。此外，创客教育还包括实践教学、竞赛培训和导师指导等多种教学模式，以满足不同学生的需求和兴趣（Yanlin Z，2015）[10]。影响因素方面，政府政策的支持被认为是推动高校创客教育发展的重要因素。政府和学校纷纷出台政策和计划，为高校创客教育提供资金和资源支持（Silva et al., 2018）[11]。同时，教师的角色和能力也对高校创客教育的质量和效果起着关键作用。教师需要具备相关知识和技能，能够激发学生的创造力和创新思维（Gilboy, 2014）[12]。此外，创客教育的设施和资源也是影响因素之一。创客空间、设备和材料的供应为学生提供了实践和创造的平台（Barrett et al., 2015）[13]。王震宇[14]（2018）研究了高校创客教育的发展现状和存在的问题。通过调查问卷和访谈的方式，作者发现高校创客教育在设施、师资和政策等方面存在一定的不足和挑战。文章指出了高校创客教育发展中需加强学生的实践能力培养、师资队伍的建设以及政策的支持等问题，并提出了相应的解决策略。杨燕芳和王宏伟（2019）[15]探讨了创客教育在高校创新创业教育中的应用情况。通过案例研究和实证分析，作者发现创客教育对于提升学生的创新创业能力具有积极的影响。研究结果显示，创客教育可以激发学生的创造力和创新思维，培养学生的团队合作精神和实践能力。文章还提出了进一步推进创客教育在高校创新创业教育中应用的建议。谢佳佳和杨文婷（2018）[16]聚焦于高校创客教育与学生创新能力的培养。通过问卷调查和实证研究，作者探讨了创客教育对学生创新能力的影响，并分析了创客教育对学生创新能力培养的关键因素。研究结果显示，创客教育能够显著提高学生的创新能力，其中教师的指导、学生的参与和学校的支持是关键的影响因素。文章还提出了进一步完善高校创客教育的建议和方向。

然而，高校创客教育仍然面临一些挑战。其中之一是教育资源和设施的限制。高校需要投入大量的资金和资源来建立创客空间和购买相关设备，以支持创客教育的开展（Naiyue et al., 2020）[17]。教师培训和支持也是一个重要的挑战。教师需要不断提升自身的专业能力和教学技能，以适应创客教育的需求（Dongqin W U et al., 2019）[18]。此外，高校创客教育还需要与产业界和社会合作，以提供实践机会和创新资源（Li Y et al., 2017）[19]。

综合以上文献研究，我们可以发现，高校创客教育在中国取得了一定的发展，但仍面临一些挑战和问题。创客教育对于提升学生的创新能力和实践能力具有积极的影响。然而，高校创客教育需要加强设施和师资队伍的建设，提供更多的政策支持，并关注教师的指导和学生的参与。未来，面对快速迭代的互联网时代，企业需要更多的创新能力及创新项目以面对产业全球化的挑战。高校亦同样需要培养适应社会需求的具备创新能力的大学生。校企双方共同培养大学生开发创新创业项目，是解决双方需求的有效途径。高校创客教育应进一步加强理论研究和实践探索，以促进学生的创新创业能力的培养。

高校创客教育的发展也得到了相关政策和资源的支持。政府和学校纷纷推出了创新创业教育的政策和计划，提供资金和设施支持，促进高校创客教育的发展。2016年，国务院办公厅在《关于加快众创空间发展服务实体经济转型升级的指导意见》（国办发 [2016] 7 号）中提出，通过企业科研院校等多方协同打造产学研用紧密结合的众创空间。各高校可以充分利用大学科技园、重点实验室等创新载体，建设以科技人员为核心、以成果转移转化为主要内容的众创空间。2017 年李克强总理在《政府工作报告》中提出，"持续推进大众创业、万众创新，新建一批'双创'示范基地，鼓励大企业和科研院所、高校设立专业化众创空间"。2018 年教育部印发《2018 年教育信息化和网络安全工作要点》，文件指出"推进信息技术在教学中的深入普遍应用，开展利用现代信息技术构建新型教学组织模式的研究，探索信息技术在众创空间、跨学科学习创客教育等教育教学新模式中的应用，逐步形成创新课程体系。"由于政府企业、社会等力量纷纷参与建设创客空间，国内各级各类学校也积极加入创客教育实践，纷纷创建了以校园为基地的创客空间[20]。

国内比较有名的清华大学创客空间成立于 2013 年 9 月，是清华大学校内的科创类社团。秉承"动手创造、思想碰撞、跨界协作、创业实践"的社团宗旨，为同学搭建创意分享空间，建立跨界协作桥梁，提高动手创造能力，鼓励同学们发扬创新实践精神，积极创造，勇于创业，开设设计、机械、硬件、软件等入门课程，为本科院校通过社团培养创新型人才提供了一种思路。职业院校做得比较好的如金华职业技术学院学生创客空间 IT 智慧谷，2021 年入选浙江省省级众创空间，是开展专业教育、双创实践、创意交流等功能于一体的育人主阵地。以 IT 智慧谷为例，通过以"工作坊"形式的创客空间的实践模式，为发展高职院校工科类专业创新创业教育提供新途径，开拓了高职双创教育发展思路[21]。

1.3.3 开源硬件在创客教育中的研究现状

创客教育作为一种创新的教育模式，近年来得到了广泛的研究和关注。研究者们从不同的角度和领域对创客教育进行了探索和研究，涵盖了教学方法、教育理念、学生参与度、创新能力培养等方面。

在教学方法方面，许多研究关注了创客教育对学生学习的影响。例如，一些研究发现，创客教育可以激发学生的兴趣和动机，提高他们的学习参与度（Halverson & Sheridan, 2014）[22]。学生通过亲身实践和自主探究，培养了问题解决、团队合作和创新思维等关键能力（Looney, 2021）[23]。创客教育的参与方式也激发了学生的主动学习和自主发展（Kylie, 2013）[24]。宁夏大学卢雅[25]探索了一种以设计思维为核心的开源硬件教学模式，并在创客教育中进行了应用研究。研究结果表明，该教学模式能够有效地促进学生的创造性思维和问题解决能力的培养，为创客教育提供了一种创新的教学方法，设计思维导向的开源硬件教学模式如图 1-6 所示。

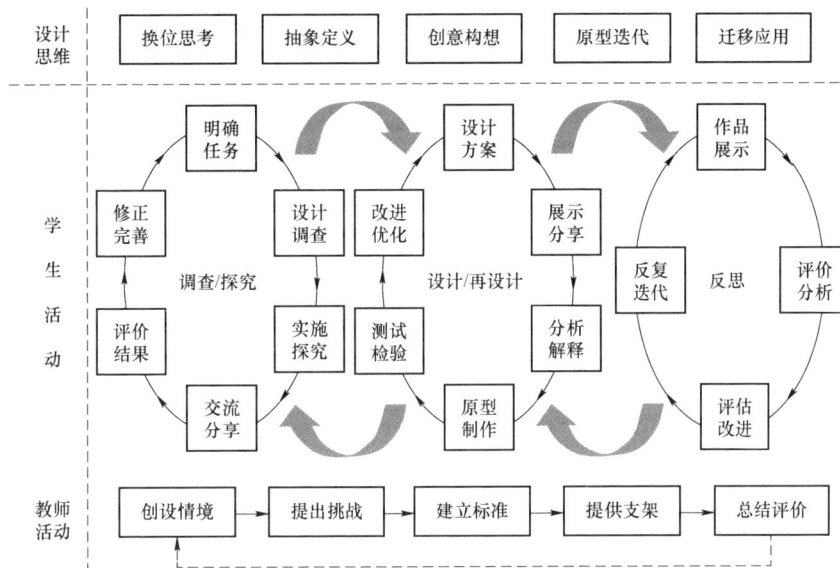

图 1-6 设计思维导向的开源硬件教学模式

另外，研究还探讨了创客教育对学生创新能力的培养。创客教育通过鼓励学生进行实践和创造，促使他们面对挑战和解决实际问题（Yokana，2014）[26]。研究表明，参与创客教育的学生更加具有创新思维、自主学习和解决复杂问题的能力。创客教育不仅培养了学生的科学技术工程数学（STEM）能力，还促进了跨学科学习和综合能力的发展。

此外，一些研究还探讨了创客教育在跨学科整合和跨年级教学中的应用。创客教育倡导学科之间的融合和跨学科学习，使学生能够将不同学科的知识和技能应用于实际项目中（Martin & Haines，2016）[27]。这种跨学科的教学方法有助于培养学生的综合能力和创造力，同时促进了学科之间的互动和交叉（Ertmer，2013）[28]。

综合来看，创客教育的研究现状表明它在教育领域具有重要的影响力和潜力。创客教育通过实践和创造的方式激发学生的兴趣和动机，培养了他们的创新思维和解决问题的能力。它不仅提供了一种全新的教学方法，也为学生提供了更广阔的学习空间和发展机会。然而，创客教育还面临一些挑战，例如师资培训、教育资源和评价体系等方面的不足。未来的研究应该关注这些问题，并进一步探索创客教育的实施策略和教育效果。

随着开源硬件的广泛应用，创客教育在教学方法、学习方式和教育理念等方面发生了一些显著的变化。

（1）强调实践和实际应用：开源硬件的特点是可以进行自主构建和实际操作，这使得创客教育更加注重实践和实际应用。学生通过亲身实践和创造，参与到具体的项目中，从中获得真实的经验和技能。这种实践性的学习方式有助于提高学生的动手能力、问题解决能力和创新思维。

（2）培养跨学科能力：开源硬件的跨学科性质促使创客教育更加注重跨学科的整合。学生在创客项目中需要运用各种学科的知识和技能，例如科学、技术、工程和数学（STEM）、艺术和设计等。这种跨学科学习的方式培养了学生的综合能力和跨学科思维，帮助他们更好地应对复杂的现实问题。

（3）提倡合作与分享：开源硬件的精神在创客教育中得到了进一步强调。创客教育倡导学生之间的合作和团队工作，通过共享和开放的方式促进交流和合作。学生可以分享自己的创意和设计，借鉴他人的经验和成果，从中获得更多的灵感和启发。这种合作与分享的精神培养了学生的协作能力和社交技能。

（4）强调创新和创业：开源硬件为学生提供了实践和创造的机会，鼓励他们进行自主创新和创业。创客教育培养学生的创新思维和创业精神，鼓励他们将自己的创意转化为实际的产品和服务。学生通过参与创客项目，了解市场需求、产品设计和商业模式等方面的知识，为将来的创新和创业打下基础。

随着开源硬件的应用，创客教育正经历着一次重要的转变。它强调实践和实际应用，培养学生的跨学科能力，提倡合作与分享，以及强调创新和创业。这些变化使得创客教育成为一种更加贴近现实、注重实践和创造的教育模式，为学生提供了更广阔的学习空间和发展机会。

1.3.4　开源硬件的优势及其对创客教育的影响

"创客学社"公众号于 2016 年发布了一篇文章《开源硬件：撬动创客教育实践的杠杆》，该文章介绍了开源硬件的概念、历史与发展和开源硬件的优势及其对创客教育的影响[29]。

开源硬件并不仅仅是硬件设计方法的开放，更多的是体现了一种创新理念的开放。这种理念坚信从分享中所获多于自身付出。当开发者不再受专利授权所困，越来越多地公开分享他们的创新时，他们便能借此获得越来越多的免费帮助，进而改进自己的发明。由此引发的迭代创新的速度，甚至快过传统企业申请专利的速度。克里斯·安德森 DIY Drones 无人机项目就是很好的例子，起初只是安德森出于兴趣建立的 DIY Drones 社区，现已有成千上万的注册会员和博文，超过 200 万页的无人机制造资料供分享。这些资料的共享者就包括曾经"山寨"其产品的创客"HAZY"。开发者透过 DIY Drones 社区积极交流对无人机的看法，并基于开源硬件平台协作制造、改进无人机。由此生产出的无人机产品，其功能甚至可以媲美航空工业垄断企业制造的价值百万美元的同类产品。类似的众多创客项目实例，已经不断通过事实证明"开源环境中的创造比秘密进行的发明速度更快、成本更低、效果更好"。

随着创客运行的不断发展，甚至连 Intel 这样传统的非开源硬件产业巨头，都嗅到了开源硬件中散发出的巨大利益，急切地加入到产业链当中，准备为创客的开源硬件"军火库"扩充"军备"。随着创客运行发展而不断壮大的开源硬件社区，以及不断丰富的开源硬件产品线，刚好也为创客教育这场"战役"提供了充裕的物资保障与精神动力。开源硬件对创客教育的影响主要体现在下述三个方面。

（1）成本优势加快创客教育的普及

开源硬件从硬件设计（如电路图、材料列表和电路板布局数据），到驱动、软件开发工具包（SDK）均是开放授权并可免费获得的，除生产、销售过程中可能产生的物料、人工、仓储等成本外其他成本接近于零。于是，基础教育学校、科技馆、公立图书馆与社区活动中心等具有不同建设经费来源和规模需求的创客教育实践，便可按照资金投入水平和功能需求不同，选择不同价格层次、不同组合的开源硬件，灵活地控制成本，形成不同规模的创客空间建设方案，开发不同层次的课程内容，开展不同类型的教学实践。如预算不足，仅投资购买由 Arduino 开发板、基础传感器和电路元器件组成的入门开发套件，即可完成诸如 LED 控制、温度传感、火焰报警、舵机控制、红外遥控等数十个实验项目，而类似的入门开发套件在淘宝网的售价仅是 160 元左右。如资金充裕，则可在入门套件的基础上购买更多功能丰富的传感器、扩展板，购置手工锯、锤子、锉刀、电烙铁等基础加工工具，小型车床、铣床、钻床、电钻、角磨机、切割机等进阶加工工具，甚至添置 CNC、激光切割机、3D 打印机等大型设备。实践者亦可采取增量升级的方式添置上述设备，这样不但能够在逐步扩大规模的同时缓解经费压力，还能使教师不断提升教学实践能力，使学习者不断获得新鲜的学习体验，并逐步深入创客教育，完成更具挑战性的学习任务。最终，开源硬件在成本方面的优势，可以使创客教育普及的步伐得到加速。

（2）完整的产业链生态圈提升创客教育的实施效率

面向正规教育学习者的基础教育学校，面向全体社会公民的科技馆、公立图书馆及社区活动中心，不同背景的创客教育实践拥有不同的目标，所面对的学习者的年龄阶段与学习特征也不尽相同。随着创客运行市场化进程的不断加速，从创客项目孵化器众筹平台（如 Kickstarter、创客星球），到硬件提供商（如 Seeedstudio），再到互联网创客社区（如 Arduino 社区、太极创客、DFRobot、DIY Drones、Last Minute Engineers），开源硬件已经快速形成了一套完整的产业链生态圈。开源硬件产品种类更加细化，功能更加多样，项目案例更加丰富，支持服务也更加完善。这一生态圈为拥有不同目标的创客教育实践提供了丰富的各类资源。不同背景的创客教育实践者可根据需求，选择相适应的硬件产品构建教育创客空间，参照创客项目案例设计学习项目，并开展创客课程教学活动。创客教育的实施效率将得以全面提升。

（3）协作迭代的产品更新理念促进学习者成长

创客们不断创造的同时也在不断改进所使用的开源硬件，使之不断完善。与开源软件（如 Linux）类似，开源硬件的不断完善也是基于协作的迭代升级机制。这种升级机制，促使创客从"Do it yourself"转变成为"Do it together"，并鼓励所有开发者参与其中。无论是小学生还是社区老年大学的业余爱好者，"菜鸟"还是"大侠"，只要能够为开源硬件的升级完善做出贡献，都能得到与贡献相匹配的荣誉、尊重，甚至是回报。这种机制为创客教育中的学习者们提供了一种"合法的边缘性参与"的机会，促使学习者不断深入学习，向"中心参与"靠拢。而这一个过程恰恰就是一个学习者成长的过程。学习者个体从这个过程中收获的，是包括人际沟通、团队协作、创新问题解决、批判性思维和专业技能等在内的全方位的成长。

第 2 章　创客教育的相关理论基础

创客教育融合了多种教学理论，包括结构主义学习理论、批判性思维、社会建构主义学习理论、学习者中心教学、情感与认知维度的融合以及反思与元认知。这些理论构成了创客教育的教学框架，为学生的主动学习、合作交流和创新思维提供了支持，促进了他们的终身学习能力和全面发展。

2.1　结构主义学习理论

结构主义学习理论是一种重要的教育理论，强调学习是一个主动的过程，通过学习者自主构建知识和理解。它的发展可以追溯到 20 世纪中叶，从传统的行为主义教育理论和认知心理学的发展中脱颖而出，并经过不断探索和发展，形成了今天我们所熟知的结构主义学习理论。结构主义学习理论的发展在 20 世纪后半叶进入了一个全球范围的研究热潮。教育学者、心理学家和教育实践者对结构主义的理论进行了深入研究和实践探索。他们提出了一系列与结构主义理论相关的教学方法和策略，如问题导向学习、合作学习、探究式学习等，以促进学生的主动参与和知识建构。

结构主义学习理论的发展得益于多位重要学者的贡献，其中最为知名的是瑞士心理学家让·皮亚杰（Jean Piaget）[30]和美国教育学家杰罗姆·布鲁纳（Jerome Bruner）[31]。让·皮亚杰是结构主义学习理论的奠基者之一。他通过对儿童智力发展的研究，提出了认知发展阶段理论，认为儿童在不同的阶段具有不同的认知结构和思维方式。他强调了儿童的主动性和探索欲望，认为他们通过与环境的互动和适应，不断构建自己的认知结构。皮亚杰的研究成果为结构主义学习理论提供了重要的认知基础，强调了学习的过程和主体的积极作用。杰罗姆·布鲁纳则在 20 世纪 60 年代将结构主义学习理论引入到教育领域，并对其进行了进一步的发展和拓展。布鲁纳认为学习是一种主动的、构造性的过程，学习者通过与他人的交流和合作，将个人的经验和理解纳入到社会共同构建的文化意义中。他提出了"发现学习"（discovery learning）的概念，强调学习者通过自主探索和发现的方式构建知识，并提倡基于问题解决的教学方法。Hmelo-Silver[32]（2020）探讨了在教室中设计认知参与的挑战，特别关注了学科整合的重要性。研究指出，学科整合有助于学生将知识和技能应用于真实世界问题，并促进他们的认知参与和理解。Kumpulainen[33]（2020）讨论了数字人文领域中的结构主义学习理论，探索了数字技术如何促进学生的主动学习和知识建构，涵盖了多个话题，包括数字素养、学习社区和学习环境的设计等。

结构主义学习理论的发展受到了广泛的关注和应用。在教育实践中，结构主义倡导者提倡以学生为中心的教学方法，鼓励学生主动参与实际项目和情境，通过实践活动、合作交流和反思来构建知识和理解。结构主义教学方法注重培养学生的批判性思维、解决问题的能力以及合作与交流的技能。此外，随着信息技术的发展，结构主义教学模式与计算机和网络技术的结合，催生了"计算机支持的协作学习（Computer-supported Collaborative Learning）"等新的教学方法。

结构主义学习理论的关键思想是，学习者通过积极参与并与环境互动，主动构建知识和理解。学习不再是被动接受和记忆，而是通过实践、探索和思考来建构新的概念和意义。学习者在实际问题和情境中，通过调整已有的认知结构，建立新的连接和关联，逐渐形成个人的知识体系。在结构主义学习理论的框架下，教育者的角色转变为引导者和促进者，提供丰富的学习经验和刺激，激发学生的好奇心和探索欲望。教育环境被设计成多样化、互动性和合作性的，以促进学生的积极参与和主动学习。学习活动强调实践和解决问题，鼓励学生运用已有的知识和经验，通过自主探索和协作交流，构建新的知识和理解。随着信息技术的发展和互联网的普及，结构主义学习理论在数字化学习环境中得到了广泛应用和发展。虚拟实验室、模拟软件、在线合作平台等工具为学生提供了更多实践和合作的机会，增强了结构主义学习理论的实施效果。

尽管结构主义学习理论取得了显著的进展和应用，但它也面临一些挑战和争议。一些学者质疑结构主义学习理论在实践中的可行性和有效性，指出其强调个体建构知识的过程可能存在着局限性和不足之处。同时，教育实践中的评估和评价方法也面临着挑战和困难，如何客观地评估学生的知识建构和学习成果仍然是一个需要探讨的问题。尽管存在挑战，结构主义学习理论仍然具有重要的教育价值和影响力。它强调学生的主动性、参与性和创造性，倡导学习与实践的结合，培养学生的批判思维、解决问题的能力和合作精神。结构主义学习理论为教育实践提供了重要的指导和启示，也为教育改革和创新提供了理论支持。

2.2　批判性思维

批判性思维学习理论是一种强调培养学生批判性思维和分析能力的教育理论。它关注学生如何理解和评估信息，如何进行逻辑推理和问题解决，并如何在不同情境中运用这些能力。

批判性思维学习理论的根源可以追溯到古希腊哲学家亚里士多德的逻辑学和伊拉斯谟的批判精神。然而，对于批判性思维学习理论的系统化研究和发展，主要归功于20世纪的学者和教育家。其中，杜威（John Dewey）[34]是批判性思维学习理论的先驱之一。他认为教育应该培养学生的批判性思维，使其能够主动思考、质疑和解决问题。杜威的著作《经验与教育》中强调了通过实践与体验来培养学生的批判性思维能力，他认为学生应该通过观察、实验和反思来建构知识，并将其应用于实际问题中。在20世纪后半叶，巴洛（Robert Ennis）[35]和保罗（Richard Paul）[36]等学者对批判性思维进行了深入研究，并提出了批判性思维的定义和特征。巴洛在其著作《批判性思维能力的定义》中将批判性思维定义为"明确地表达、评估和构造论据的能力"，他指出批判性思维包括识别和评估观点的合理性、检测论证的有效性以及分析和解决问题的能力。保罗则强调了批判性思维的核心概念，包括独立思考、主动质疑、分析推理、逻辑思维和解决问题的能力。他的著作《批判性思维：通过优化学习教学提高教育质量》对批判性思维的教育应用进行了详细的阐述。在教育实践中，批判性思维学习理论得到了广泛的应用和发展。许多教育者和学校将批判性思维纳入到教学过程中，设计了各种教学活动和策略来培养学生的批判性思维能力。例如，开展辩论活动、案例研究、问题解决和创造性思维等，以激发学生的批判性思维和分析能力。在研究方面，批判性思维学习理论也得到了广泛的关注和研究。一些学者通过实证研究探讨了批判性思维教育的有效性和影响，如 Abrami[37]等人的研究《批判性思维教育对学习成绩和知识转移的影响》。此外，还有一些研究探讨了批判性思维与其他教育领域的关联，如信息素养、创新能力和解决复杂问题的能力。

尽管批判性思维学习理论在教育领域取得了一定的进展，但仍存在一些挑战和争议。其中之一是如何有效评估和测量学生的批判性思维能力，以及如何将其融入到课程和评估体系中。同时，教育者也需要了解和应对不同文化和背景下的批判性思维发展差异，以促进全面和包容性的教育实践。总的来说，批判性思维学习理论强调培养学生的批判性思维和分析能力，以应对复杂的问题和挑战。在不同的学科和领域中，批判性思维学习理论的发展为教育提供了重要的理论支持和指导。然而，仍需要进一步的研究和实践来深化对批判性思维学习理论的理解，并探索其在教育中的应用和发展。

2.3 社会建构主义学习理论

社会建构主义学习理论是一种重要的教育理论，强调学习者通过社会交往和参与社会文化活动来共同构建知识和理解。早期的贡献者包括文化心理学家莱文·维果茨基（Vygotsky）[38]和社会学家尤尔根·哈贝马斯（Habermas）。他们的理论构建了社会建构主义的基础，强调了学习者的主动参与、社会互动和文化背景对学习的重要性。维果茨基提出的"区域性近发展理论"和"文化工具论"强调了社会互动和文化工具在学习中的作用。哈贝马斯的社会语言行动理论则强调了社会交往和语言交流对学习的影响。社会建构主义学习理论强调学习是一种社会过程，学习者通过与他人的交往和参与社会文化活动，共同构建知识和理解。社会建构主义认为学习是一种主动的、参与性的过程，学习者通过与他人的合作、对话和反思来共同构建知识和理解。学习者通过社会互动和合作，融入社会共同构建的文化意义中。社会建构主义学习理论拓展了个体内化的认知发展理论，强调了社会文化因素对学习和发展的重要性。

社会建构主义学习理论在教育领域得到了广泛的应用和研究。研究表明，社会建构主义教学方法能够促进学生的批判性思维、解决问题的能力、合作与交流的技能及自我调节和元认知能力的发展。社会建构主义学习理论对于教育实践和教学设计具有重要的指导意义，促进了学生的合作、交流和共同构建知识的能力的发展。其中，Cobb 等人（2003）[39]的研究强调了设计实验在教育研究中的重要性，为教育实践提供了具体的方法和指导。Rogoff[40]等人（2003）的研究探讨了亲身参与对于学习的重要性，强调了社会交往和合作对于学习的促进作用。Mercer 和 Littleton[41]（2007）的著作详细阐述了对话和发展儿童思维的社会文化方法。Vygotsky（2012）的《思维与语言》一书是他的重要著作，探讨了语言和社会环境对于认知发展的影响。Wenger（1998）的《社区实践理论》强调了社区实践对于学习和意义建构的重要性。Scardamalia 和 Bereiter[42]（2014）的研究聚焦于知识建构和创造的理论、教学和技术应用。

社会建构主义学习理论强调学习者通过社会互动和参与社会文化活动来共同构建知识和理解。它强调了学习是一种社会过程，通过与他人的合作、对话和反思，学习者能够融入社会共同构建的文化意义中。社会建构主义学习理论对于教育实践和教学设计具有重要的指导意义，促进了学生的合作、交流和共同构建知识的能力的发展。

2.4 学习者中心教学理论

学习者中心教学理论是一种重要的教育理论，强调将学习者置于教学的核心，以学习者的需求、兴趣和能力为导向，促进他们积极参与学习并构建深刻的理解。该理论的发展受到了认知心理学、发展心理学和社会文化理论的影响，旨在提供一种有效的教学方法，满足学生的个体差异和学习需求。学习者中心教学理论的核心理念是将学习者视为主动的知识建构者，强调他们的先前知识和经验对学习的重要性。根据该理论，学习者在教学过程中扮演着积极的角色，他们通过与他人的互动、探索和实践来建构知识和理解。教师在学习者中心教学中充当引导者和支持者的角色，帮助学生发展思维能力、解决问题的能力和自主学习的技能。

学习者中心教学理论的发展可以追溯到 20 世纪 60 年代的认知心理学研究，尤其是由 Jean Piaget[43]、Lev Vygotsky[44] 和 Jerome Bruner[45] 等学者的工作对该理论的形成产生了重要影响。这些学者强调学习者的主动参与、知识的建构和适应学习环境的能力。随着时间的推移，学习者中心教学理论得到了进一步的发展和应用。20 世纪 80 至 90 年代，John Dewey、Howard Gardner、David Ausubel 等学者的工作对该理论的发展和实践产生了深远影响。Gardner 的多元智能理论强调学生具有不同的智能类型，教师应该采用多种教学方法满足学生的不同需求。Ausubel 的先前知识理论强调学习者已有的知识对于新知识的学习具有重要作用。2021 年，Liu 和 Hmelo-Silver（2021）[46] 回顾了当前关于科技增强的建构主义学习的研究，探讨数字时代中学习者如何通过科技工具来构建知识和理解。文中对于数字化学习环境下的建构主义教学方法、科技工具的应用以及学习者在这些环境下的学习体验进行了综述和分析，为教育领域的研究者和从业者提供了有价值的参考和指导。

在实践层面，学习者中心教学理论得到了广泛的应用和研究。研究表明，学习者中心教学方法能够提高学生的学习动机、自主学习能力、批判性思维和问题解决能力。这种教学方法注重学生的参与和互动，倡导个性化的学习体验，能够帮助学生建立更深入的理解和知识的应用能力。然而，学习者中心教学理论也面临一些挑战和批评。一些批评者认为，学习者中心教学理论可能导致教学过于依赖学生自主学习，而忽视了教师的重要作用和指导的必要性。此外，一些教师可能面临难以处理不同学习者之间的差异和需求的挑战。

2.5　情感与认知维度的融合理论

情感与认知维度的融合理论是一种重要的教育理论，强调情感和认知在学习和发展中相互作用和互补的关系。该理论的发展受到了心理学、教育学和神经科学等领域的研究影响，旨在探索情感和认知之间的复杂交互，并为教育实践提供指导。

情感与认知维度的融合理论的形成可以追溯到 20 世纪 80 至 90 年代的研究工作。其中，神经科学研究揭示了情感和认知在大脑活动中的密切联系，启发了对情感和认知相互作用的探索。心理学家和教育学家开始认识到情感对于学习和记忆的重要性，以及认知过程对情感体验的影响。在情感与认知维度的融合理论的发展中，Salovey 和 Mayer（1990）[47]的情绪智力理论提供了重要的基础。他们将情绪定义为一种能力，包括感知、理解、调节和表达情绪的能力。情绪智力理论强调了情感与认知之间的紧密关系，以及情感对认知过程和学习成果的影响。随后，情感与认知维度的融合理论得到了更多研究者的关注和探索。Krechevsky（1999）[48]提出了情感智力理论，将情感智力定义为理解和管理情感的能力，并强调了情感智力对于学习、人际关系和自我发展的重要性。Gross（2001）[49]的情绪调节理论则探讨了情感调节对认知过程和适应性行为的调节作用。这些理论的出现丰富了情感与认知维度的融合理论，并促进了对情感和认知之间复杂关系的深入理解。

近年来，情感与认知维度的融合理论的研究得到了进一步的发展。一些研究探讨了情感与认知之间的双向关系，即情感对认知的影响，同时认知也影响情感的体验和调节。此外，教育实践中也出现了基于情感与认知维度融合理论的教学模式和干预措施。这些研究和实践的发展有助于理解情感与认知在学习、心理健康和个体发展中的作用，并为教育领域提供了重要的指导。Brackett（2021）[50]研究了情感智力对学校成功的影响，并探讨了社会支持和问题行为在其中的中介作用。研究结果发现，情感智力通过增强社会支持和减少问题行为来促进学校成功。研究提供了对情感与认知维度融合理论在教育实践中的应用的重要洞见。

情感与认知维度的融合理论强调了情感和认知在学习和发展中的重要性，并探索了它们之间的复杂关系。这一理论的发展得益于心理学、教育学和神经科学等领域的研究，旨在提供对情感和认知相互作用的深入理解和教育实践的指导。

2.6　反思与元认知理论

反思与元认知理论是一种重要的学习理论，强调学习者对自身学习过程的思考和监控，以及对元认知策略的应用和调整。反思与元认知理论强调学习者对自身学习过程的反思和意识，以及对学习策略和元认知技能的运用和调整。它认为学习者通过思考和评估自己的学习过程，可以提高学习效果和学习能力。元认知包括对学习目标的认识、学习策略的选择和使用、监控和调节学习过程的能力等。反思则是指学习者对自己的学习经历进行深入思考和评估，以促进学习的理解和转化。

反思与元认知理论的发展可以追溯到 20 世纪初，John Dewey[51]的进步教育理念强调学生的主动参与和反思，以实现更深层次的学习。随后，Jean Piaget[52]的认知发展理论进一步探讨了儿童对自身思维过程的反思和调节。这些理论为反思与元认知的概念和理论奠定了基础。在 20 世纪 70 至 80 年代，Flavell、Schraw 和 Zimmerman 等学者进一步拓展了反思与元认知理论的研究。Flavell[53]提出了元认知的概念，并强调学习者的自我监控和调节能力。Schraw[54]则从学习者的角度研究了学习策略的使用和效果，提出了元认知策略的概念。Zimmerman[55]的研究关注学习动机和自我调节学习策略的发展，强调了学习者的目标设置和自我反馈的重要性。

反思与元认知理论在教育研究领域得到了广泛的关注和应用。Hadwin（2018）[56]探索了元认知和反思在各个学科和年龄阶段的应用，以及它们对学习成就、学习策略使用和学习动机等方面的影响。研究发现，学习者通过元认知策略的应用和反思的实践可以提高学习效果和学习能力。此外，教师的指导和学习环境的设计也对学习者的元认知和反思能力产生重要影响。近年来的研究还关注了反思与元认知的新领域和新方法。例如，一些研究使用技术工具来促进学习者的反思和元认知实践，如在线学习平台、学习日志和元认知培训工具等。此外，一些研究还关注元认知的社会性和文化背景对学习过程的影响。

反思与元认知理论强调学习者对学习过程的反思和元认知策略的应用。它是一种重要的学习理论，指导着教育实践和教学设计。近年来的研究显示，学习者通过反思和元认知实践可以提高学习效果和学习能力。然而，仍有需要进一步研究的问题，如如何有效地培养学习者的反思和元认知能力，以及如何将其应用于不同学科和教育环境中等。

第 3 章　Arduino 平台与高校创客教育的融合

自 2005 年推出以来，Arduino 通过其开放性、易用性和灵活性，成为了开源硬件领域的重要代表之一。它的发展受益于全球开源社区的贡献和支持，不断推出新的产品和功能，满足不同用户的需求。Arduino 的成功证明了开源硬件的潜力和价值，为创客和电子制作爱好者提供了一个丰富而创新的平台。

3.1　Arduino 简介与特点

3.1.1　Arduino 简介

Arduino 是一种开源硬件平台，用于构建各种交互式电子项目。它由一个单片机和与之配套的开发环境组成，旨在帮助学生和非专业人士学习电子技术和编程。作为全球受欢迎的开源硬件平台，Arduino 的设计理念源于意大利的一个教育项目，并于 2005 年推出。

Arduino 的核心是一个集成了处理器、存储器和输入/输出接口等功能的单片机。通过简单易用的开发环境，用户可以编写 Arduino 程序，并将其上传到单片机上，实现各种交互功能。Arduino 开发环境具有跨平台的集成开发环境（IDE），并提供了简化和封装的编程语言，使初学者也能轻松上手。

Arduino 的优势在于其易用性、开放性和丰富的社区支持，使非专业人士能够轻松进行电子创作和编程。由于其开源的特性，Arduino 得到了全球范围内开发者和爱好者的广泛支持和参与。用户可以在开源社区中分享和获取各种项目、教程、代码和资源，促进了创意的交流和合作。

Arduino 平台还包括各种扩展模块和传感器，例如按钮、LED、温度传感器、声音传感器等，可以通过插件方式连接到 Arduino 主板上。这些模块和传感器的使用使得用户可以构建各种互动式项目，例如智能家居系统、机器人、艺术装置、传感器网络等。

通过 Arduino，人们可以将自己的创意变为现实，并在电子领域进行创新和实践。Arduino 的开源特性和丰富的资源使得人们可以自由地学习、创造和分享，不受限于专业背景或资金条件。它激发了创造力和创新思维，帮助用户培养问题解决能力、实践动手能力和团队合作精神。

作为一个开放的平台，Arduino 不断演进和发展，为人们提供了无限的可能性和机会。无论是学生、爱好者还是专业人士，都可以通过 Arduino 探索电子世界，并将其创意付诸实践。Arduino 融入高校创客教育中，为学生提供了一个丰富的学习工具和创作平台，推动了创客文化的兴起和创新创业教育的发展。

3.1.2　Arduino 的由来

Massimo Banzi 是意大利伊夫雷亚一所高科技设计学校的教师。他的学生们经常抱怨难以找到既便宜又易于使用的微控制器。2005 年冬天，Massimo Banzi 与芯片工程师 David Cuartielles 讨论了这个问题。当时，David Cuartielles 在该学校作为访问学者。他们决定设计一块自己的电路板，并请 Massimo Banzi 的学生 David Mellis 为该电路板设计编程语言。David Mellis 负责编写程序代码、完成电路板制作，并将其命名为 Arduino。团队成员如图 3-1 所示。

图 3-1　Massimo Banzi 及他的团队成员

随后，Massimo Banzi、David Cuartielles 和 David Mellis 将 Arduino 的设计图放到了网上。为了保持设计的开放源码理念，他们决定采用 Creative Commons（CC）的授

权方式公开硬件设计图。在这样的授权下，任何人都可以生产电路板的复制品，甚至还能重新设计和销售原设计的复制品。人们不需要支付任何费用，甚至不需要取得 Arduino 团队的许可。然而，如果引用了设计进行重新发布，必须声明 Arduino 团队的贡献。如果对电路板进行了修改，那么新版本的 Arduino 电路板必须使用相同或类似的 CC 授权方式，以保证其仍然是自由和开放的。尽管 Arduino 是开源的，但其名称"Arduino"已经注册为商标，未经官方授权不得使用。

Arduino 的诞生源于他们想要开发一种简单的设备，该设备能够轻松连接到其他设备（如继电器、电动机、传感器），并具备易编程和经济实惠的特点。为此，他们选择了 Atmel 公司生产的 8 位微控制器，并为微控制器编写了引导加载程序（Bootloader）固件。他们将所有固件打包放入一个简单的集成开发环境中，通过简单的操作即可实现所需的功能。这样的设计使得使用 Arduino 变得简单易行，并且降低了学习和使用电子设备的门槛。

3.1.3　Arduino 开发平台的优势

目前市场上还存在其他单片机和单片机平台，如 51 单片机、STM32 单片机等。然而，对于开发者来说，这些平台相对门槛较高，需要具备一定的编程和硬件相关基础，其内部寄存器较为繁杂，主流开发环境 Keil 的配置也相对复杂，而且免费功能又不足以满足开发的需求。

与这些平台相比，Arduino 在使用上既适合初学者，又足够灵活满足高级用户的需求。教师和学生可以利用 Arduino 打造低成本的科学仪器，以验证化学和物理原理，或者学习编程和机器人技术。设计师和建筑师可以利用 Arduino 创建交互式原型。音乐家和艺术家可以借助 Arduino 安装和调试新的乐器。此外，制造商可以利用 Arduino 构建许多在制造商展览会上展示的项目。

Arduino 是学习新事物的关键工具，无论是儿童、业余爱好者、艺术家还是程序员，都可以按照工具包的说明进行组装和使用，或者与 Arduino 社区的其他成员在线分享创意。

Arduino 简化了使用单片机的流程，并为教师、学生和业余爱好者提供了其他系统所不具备的优势。

（1）价格便宜。相比其他单片机平台而言，Arduino 生态系统的各种开发板性价比相对较高。

（2）跨平台。Arduino IDE 能在 Windows、macOS 和 Linux 操作系统中运行，而大多数其他单片机系统只能在 Windows 操作系统中运行。

（3）开发环境简单。Arduino 的编程环境易于初学者使用，同时对高级用户来讲也足够灵活,其安装和操作都非常简单。

(4)开源可扩展。Arduino 软件、硬件都是开源的,开发者可以对软件库进行扩展,也可以下载各种软件库来实现自己的功能。Arduino 允许开发者对硬件电路进行修改和扩展来满足不同的需求。

(5)学习资源丰富。自 2005 年以来,Arduino 获得了越来越多用户的青睐。学习教程及资源也越来越丰富。资源比较多的优秀网站主要有 Arduino 官网、Arduino 中文社区、Last Minute Engineers、太极创客等,在这些网站中能够学到很多 Arduino 的相关知识,包括了解各款 Arduino 硬件、下载 Arduino IDE 软件、学习 Arduino 编程语言、学习传感器案例等。

3.1.4 Arduino 创意项目

由于 Arduino 具有极低的入门门槛和易用性,它成为了许多创意项目的首选平台。无论是对电子制作爱好者还是创客来说,Arduino 都提供了一个简单而强大的工具,让他们能够将自己的创意变为现实。下面介绍几个基于 Arduino 开发的项目。各创客平台每年都会评选出各种有创意的项目,如 Nevon Projects 平台创意项目[57]如下:

1. 太阳能湖泊游泳池清洁无人船

湖泊清洁无人船是一种使用多种技术和组件实现清洁任务的创新设备。它配备了两个高扭矩电机、遥控器、太阳能电池板、传感器、无线摄像机、收集器网格和 Atmega 微控制器。

该无人船采用了双驱动无舵机电机系统提供推动力,通过双重推进系统控制船只的运行。这种设计使得无人船可以轻松实现无舵机运行控制。收集器网格被安装在无人船的框架内部,用于捕捉漂浮在水面上的垃圾。这样,无人船可以沿着路径搜集所有的垃圾,并将它们带走。收集器网格设计考虑了海洋生物的安全,如果有任何海洋生物被捕获,它们可以通过前部开口轻松逃离网格,从而不会受到伤害。

遥控器用于通过无线射频信号向无人船控制器发送移动控制指令。这些信号由控制器单元接收和解码,然后由微控制器进行处理,以控制驱动电机的运行。为了感知水体污染的程度,无人船使用了两个传感器,分别测量水体的 pH 和浑浊度。这些数据会被持续存储在内存卡中,以供后续参考和分析。

无人船顶部安装了太阳能电池板,用于吸收太阳能并为无人船提供持续充电,即使无人船在湖中间关机时,半小时的阳光照射也足以使无人船再次运行。此外,还安装了闪光灯,用于在黑暗或雾天等恶劣条件下定位无人船的位置。这些功能使得这款远程操作的湖泊清洁无人船具有长时间运行的能力,能够在湖泊中执行清洁任务。

27

图 3-2　太阳能湖泊游泳池清洁无人船

2. 手势控制蓝牙音箱

蓝牙音箱是目前广泛使用的音箱之一，其紧凑的尺寸、便携性和长时间的电池寿命成为吸引人的特点。为了提升蓝牙音箱的现代化水平，我们引入了手势控制的概念，使用户可以通过手势操作来更换音乐和调整音量，而无须触摸手机或音箱。

这款手势控制的蓝牙音箱采用了 6 W 音箱和低音炮，配备了 Arduino、电池充电板、激光雷达传感器、音频放大器 IC、蓝牙模块和电池组。通过蓝牙模块，用户可以将手机与音箱连接，进行音频输入。此外，音箱还支持 AUX 连接进行音频输入，并配备一个单独的充电输入连接器，用于电池充电。

音频信号经过放大器 IC 放大，以提升信号质量并保持数据完整。然后，将信号传递给音箱模块，转换为高质量的声音输出。在蓝牙音箱顶部安装了激光雷达传感器，该传感器输入由 Arduino 进行处理，并传递给控制器，以实现增加/减少音量、切换歌曲或打开音箱等操作。这样，用户可以通过无接触的手势操作来控制音箱功能。

整个设备由电池组供电，电池的供电和放电由电池充电器和保护电路进行控制。此外，电路还包括内置的逻辑系统，在超过 5 分钟不使用时自动关闭系统，以节省电力。

这款手势控制的蓝牙音箱提供了一种新颖而便捷的操作方式，使用户能够在不触摸手机或音箱的情况下享受音乐和调整音量，提升了用户体验。

3. 室内种植水培植物生长系统

传统的农业方法需要大量的开放空间和水资源进行灌溉，然而随着气候变化的出现，我们需要寻找更可持续的食品生产方式。为此，我们设计了一个智能的室内水培种植系统，通过智能供水和排水系统、空气流动和人工光源，为植物提供理想的生长环境。这个系统可以在任何天气条件下进行室内种植，为室内有机食品生产提供支持。

图 3-3　手势控制蓝牙音箱

　　系统的工作原理如下：这个 5 层室内水培种植帐篷旨在通过节约水资源和最大化单位面积的产量来解决传统农业所面临的问题。每一层的种植区域可以容纳超过 25 棵植物。通过生长灯的照明，即使没有自然光的情况下也能够刺激植物进行光合作用。每一层都配备了传感器，用于自动检测水位的变化。此外，系统还使用传感器来监测温度的变化，并配备了 4 个风扇来调节温度。通过保持适宜的环境条件，该系统可以提高作物的质量和产量。此外，该系统还采用太阳能电池板为电池充电，减少能源的消耗。用户可以通过编程设置系统的生长条件，实现对植物生长过程的全自动监控和支持。这个室内水培种植帐篷系统为室内农业提供了可持续的解决方案，能够在任何时间和地点为人们提供有机食品的种植环境。

图 3-4　室内种植水培植物生长系统

4. 自主配送机器人系统

在当前机器人和自动化的时代，对无接触交互的需求不断增加。为了促进电子商务和食品配送，提出了一种自主配送机器人系统。该系统采用树莓派开发板设计，确保了其高效稳定的运行。

该机器人采用四轮驱动，并通过射频遥控实现远程控制。机器人上部设计了一个专门用于携带包裹的区域，只有指定的收件人才能打开，从而消除了机器人被盗的风险，并确保了类似人类投递的安全性和可靠性。此外，机器人还配备了超声波传感器，以避免与人或物体碰撞。

控制团队通过远程摄像头监控机器人的方向，以便轻松导航机器人，并及时发现任何盗窃企图。机器人还配备了扬声器，用于与客户进行互动，并在机器人到达时发出声音提示客户打开门。此外，如果发生任何盗窃企图，扬声器还可以发出警告声音，同时机器人还配备了警报系统。

机器人的强大四轮直流电机驱动系统使其能够承载高达 10 kg 的食品和包裹进行配送。通过射频遥控和长程摄像头，机器人不仅可以进行配送，还可以阻止任何盗窃企图，确保货物的安全。

这种自主配送机器人系统为电子商务和食品配送提供了高效、安全和无接触的解决方案，满足了当下社会对无接触交互的需求，并在保障配送效率的同时提高了货物的安全性。

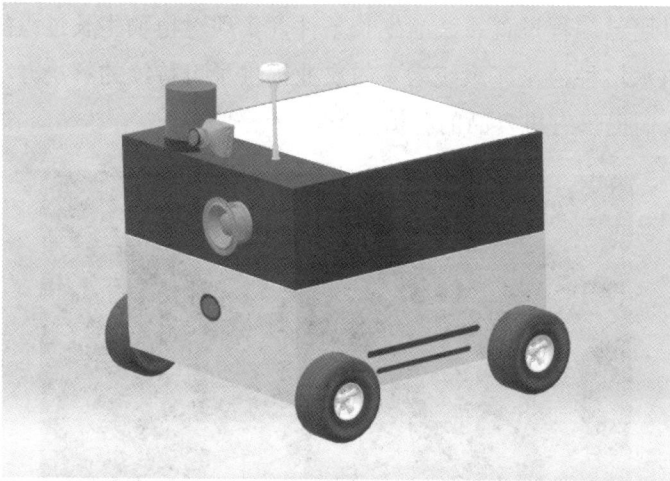

图 3-5　自主配送机器人系统

5. 太阳能无线充电便携电源

如今，移动电源已成为必备的产品之一。然而，即使移动电源也需要进行充电。在旅行时，往往无法方便地接入电源插座充电。因此，设计了一款智能太阳能折叠式充电宝。这款太阳能无线充电便携电源集成了太阳能充电、高效电池支持和无线充电功能，为用户提供了一款多功能独特的电源产品。该设备能够在白天的任何地方自主充电，确保用户永不断电。

该无线充电太阳能电源具有以下优势：

（1）便捷的无线充电功能，适用于兼容的手机设备。

（2）太阳能自主充电功能，利用太阳能电池板进行充电。

（3）折叠设计，便于携带，方便在户外使用。

（4）20 000 mAh 的电池备份，提供大容量的电力支持。

（5）额外的 USB Type 充电口，方便同时为多个设备充电。

智能太阳能充电宝通过整合锂电池组、太阳能电池板、电池保护装置和无线充电线圈，配合直流电源升压器和充电控制器，实现了多种功能。太阳能电池板通过充电控制器为电池组充电，移动电源通过 LED 指示当前电池容量。如果需要，也可以使用适配器直接将交流电源连接到充电宝进行充电。

电池组的电能用于为充电宝顶部安装的感应线圈提供动力。当用户将手机放置在充电宝顶部时，电磁感应效应会在手机背部的线圈中产生电流，从而实现无线充电的功能。

这款智能太阳能折叠式充电宝为用户提供了便捷的充电解决方案，尤其适用于户外活动和旅行。用户可以充分利用太阳能进行充电，随时随地保持电力供应，同时还能享受无线充电的便利。

图 3-6　太阳能无线充电便携电源

6. 硬币投币可乐自动售货机

自动售货机作为一种自动销售设备，能够在接收货币的情况下提供商品。开发了一个具有 4 个槽位的硬币投币可乐自动售货机，以研究其工作机制。该机器可以提供 4 种不同价值的可乐罐。该系统采用 4 个电机、弹簧线圈、硬币检测器、液晶显示屏、控制电路和机器框架来构建自动售货机。

用户可以选择所需的可乐种类，并在投入足够的硬币后，系统会显示相应的价格并提供商品。整个系统由 4 个槽位组成，每个槽位都装有特制的弹簧线圈，适用于不同规格的可乐罐。每个线圈连接到一个电机，用于根据用户的选择旋转相应的线圈。

机器的拥有者可以通过输入密码来添加可乐罐到系统中。只有在输入正确的密码后，机主才能打开机器。当所有商品都放置在托盘中后，机器即可准备开始运行。当用户靠近机器时，他们可以在迷你液晶显示屏上看到可乐选项的列表。用户可以使用键盘选择所需的可乐种类。选择后，系统会显示所选可乐的价格。用户需要按照显示的金额将相应的硬币插入机器中。如果插入了错误的硬币，系统会将其退还。当检测到正确的支付金额后，系统会接受付款。控制器会操作相应可乐槽位的电机，使得可乐罐落入用户托盘。旋转相应槽位的电机会带动弹簧线圈运行，将可乐罐推出，直到最外层的可乐罐掉入用户托盘中。我们在机器上安装了一个可打开的门，只允许用户收集托盘中掉落的可乐罐，而不能触摸到机器内其他的可乐罐。

这种硬币投币可乐自动售货机通过简单而有效的设计，提供了方便快捷的自助购买体验。用户可以轻松选择和购买所需的可乐，而机主则能够确保售货机的安全和管理。这种自动售货机的工作机制为现代零售业提供了一种高效、自动化的销售解决方案。

图 3-7　硬币投币可乐自动售货机

7. 便携式绿色能源移动笔记本电脑充电站

人们在旅行时经常会遇到手机和笔记本电脑电量耗尽的情况。在户外环境下，往往没有办法给手机和笔记本电脑充电。现在我们通过一个绿色能源系统来解决这个问题，使用太阳能和风能的双重发电系统为手机和笔记本电脑充电，如图 3-8 所示。这个充电站是一个便携式充电站，可以方便地移动，还有防盗功能，以防止充电站被盗或损坏。绿色能源充电站提供了多种功能，包括：

1）双重发电系统：太阳能加风能；

2）垂直风力发电机，可在各个方向产生风力；

3）用于手机的 5 V DC USB 充电口；

4）用于笔记本电脑的 230 V 交流插座；

5）内置逆变器和充电控制电路；

6）选择设备类型和充电时间来激活充电口；

7）充电完成后自动切断电源；

8）功能：在充电站遭到抢劫或破坏企图时发出警报声。

该系统利用电池存储两种发电机产生的能量。通过逆变器将电池供电连接起来以供使用。该系统提供两种类型的输出。4 个 USB 输出用于 4 个 5 V DC 手机充电口和 1 个带有电流限制的 230 V 交流插座，只用于笔记本电脑充电。

该系统配有 4 个轮子，便于移动，非常便携。它可以轻松地在公交车站、花园、历史古迹、动物园、大学校园、企业园区、人行道、露天停车场等地使用。该系统还配有防盗功能，以防止强盗抢劫或恶意破坏。如果有未经授权的人移动或试图使用冲击传感器进行破坏，系统会立即发出大声的警报声。

在这种情况下，系统会立即发出大声的警报声，以提醒附近的人和相关机构，同时不会停止工作。因此，该系统提供了一种在户外进行高效的手机和笔记本电脑充电的方式，并具有许多其他功能。

图 3-8　便携式绿色能源移动笔记本电脑充电站

除此之外，基于 Arduino 开发的创意产品还有很多，非常适用于艺术家、设计师、业余爱好者和所有对"互动"感兴趣的人。多年来，Arduino 一直是成千上万个项目的核心，从日常物品到复杂的科学仪器。全世界的创客群体——学生、业余爱好者、艺术家、程序员和专业人士都聚集在这个开源平台，他们的贡献形成了大量的学习和开发资源，对新手和专家都有很大的帮助。

8. 3D 扫描仪

3D 打印技术通过加快和简化制作过程，改变了原型制作、模型制作和研究领域。而如果 3D 模型可以从 3D 设计中打印出来，3D 扫描则可以让我们扫描实体模型并生成相应的数字 3D 模型。这使得克隆变得更加容易，可以数字化复制历史文物、创建活体动物的 3D 模型，等等。

在这个项目中，我们将探索 3D 扫描领域，通过使用激光扫描仪、电机、机械系统和 Arduino 来创建一个小型 3D 扫描仪，以便能够扫描和生成物理物体的 3D 模型。不同于 3D 打印机，该系统的工作原理是进行模型的扫描，而不是打印。

图 3-9　3D 扫描仪

系统采用两个步进电机。一个步进电机带有一个装有模型平台的支架，用于放置待扫描的物体模型。该电机以逐渐间隔的方式旋转，以便扫描仪可以获取模型的 360 度扫描。第二个步进电机安装在螺旋式支架的底部，用于安装激光扫描仪。通过这第二个电机，扫描仪可以在垂直方向上移动。两个电机协同运作，以实现模型的 3D 扫描。

Arduino 控制器用于控制两个电机的运行以及扫描仪传感器，以实现扫描。扫描数据保存到一个 SD 卡中，使用 SD 卡模块进行存储。然后可以将扫描数据传输到计算机，将其转换为相应的 3D 模型文件。通过这个项目，我们能够更加便捷地获取实体模型的数字化表示，为各种应用领域带来更多可能性。

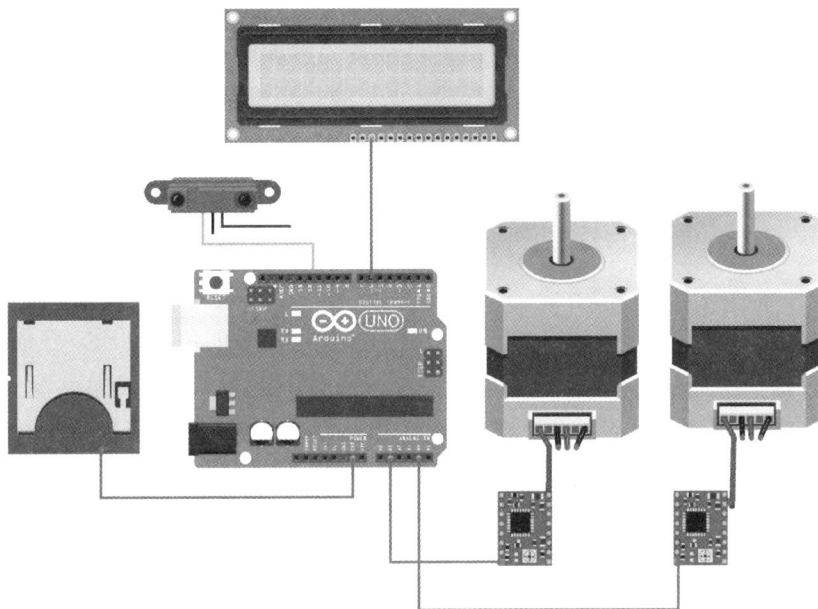

图 3-10　3D 扫描仪电路图

9. 自动室内水培饲料种植室

水培技术正在逐渐改变农业产业。室内种植能力为农业带来了全新的可能性。在此，我们开发了一个完全自动化的迷你饲料种植室，旨在在室内快速种植饲料。

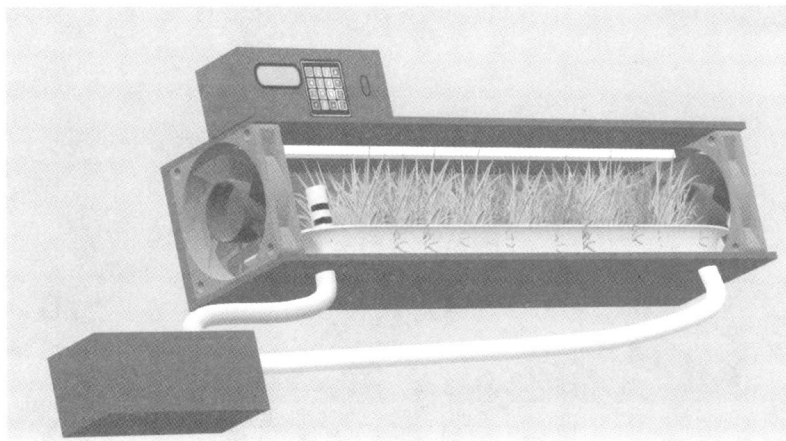

图 3-11　自动室内水培饲料种植室

该系统利用温度控制室，维持流动的凉爽环境，并通过生长灯模拟阳光，结合水分和湿度监测，确保室内种植条件的良好。系统使用 Arduino 控制器和键盘接口，以获取用户对换水、水流和室内最佳温度参数的输入。随后，通过水位传感器、湿度和温度传感器监测室内条件，始终关注室内状况。

系统利用电机确保水位保持恒定，使用水泵电机调整水位，通过湿度和温度传感器监测，维持最佳的温度和湿度条件，促进生长。根据用户设定，室内人工阳光将自动开关。

整个操作由 Arduino 控制器高效管理，确保整个过程定期高效地执行，无故障重复。当水箱用水耗尽时，系统还会发出警报。因此，该系统借助 Arduino 控制器确保了自动室内饲料种植系统的顺利运行。

10. 手机与现金紫外线消毒器

2020 年，COVID-19 疫情突如其来，由于其快速高效的传播性质，我们被迫使用口罩和手套保护免受一切接触。现在，SARS-COV-2 只是冠状病毒家族中的一个病毒，这个家族中还有许多其他尚未传播给人类的病毒。这次大流行给我们一个警示，要为这类大流行做好准备。我们可以在室外使用口罩保护自己，但是对于从市场带回家的物品或与他人交换的物品，该如何消毒呢？例如：无法在手机、现金或医生与患者或员工与员工之间交换的文件上涂抹消毒剂。此外，消毒剂的使用涉及对我们和环境有害的化学品，而且需要不断购买消毒剂。

为了解决这个巨大的问题，设计了一个智能电子系统来进行紫外线消毒。开发了一个紧凑的 360 度消毒盒，使用紫外线杀菌来解决这个问题。该系统采用紫外线管来完成这个任务。紫外线已被证实能够在几秒钟内杀死所有病毒。

图 3-12　手机与现金紫外线消毒器

Atmega 控制器接收用户输入的时间设置，并在按下启动按钮后开始消毒。当消毒时间完成时，它会自动关闭。同时，系统还配备了自动关闭功能，如果用户在消毒过程中打开盖子，消毒过程会自动关闭。该系统由带有按键的液晶显示器组成，用于操作该设备。按键用于设置消毒持续时间。在设置后，Atmega 控制器通过接近传感器检查盖子是否关闭。在检测到盖子关闭后，控制器会激活紫外线管，持续设定的时间以确保适当的消毒。一旦消毒完成，控制器会关闭紫外线管并发出蜂鸣器声音以指示程序完成。由于直接暴露于紫外线可能有害，控制器还会在用户在消毒过程中打开盒子时自动关闭紫外线管。这确保了无须水和化学品的消毒过程，有助于阻止 COVID-19 的传播。

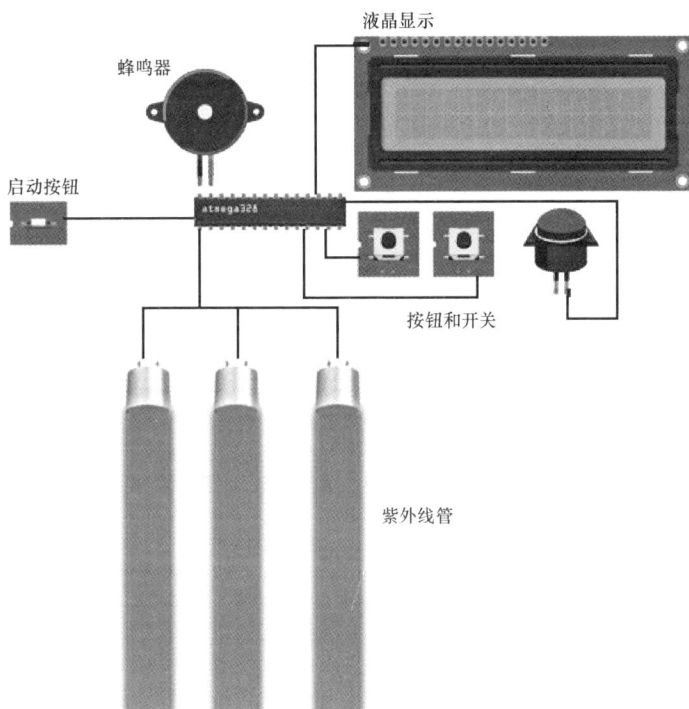

图 3-13　手机与现金紫外线消毒器电路图

3.2　Arduino 在高校创客教育中的关键作用

Arduino 在高校创客教育中扮演着重要的角色。作为一款开源硬件平台，Arduino 为学生和教育者提供了一个创新和实践的工具，帮助他们在课堂上将理论知识应用到实际项目中。以下是 Arduino 在高校创客教育中的几个关键作用：

（1）激发学生的兴趣和创造力：Arduino 平台的易用性和灵活性使学生能够快速上手，并迅速实现自己的创意。学生们可以通过编程、电子元件和传感器的组合来构建各种有趣的项目，从而激发他们的兴趣和创造力。通过实际动手操作和实践，学生们可以体验到创造的乐趣，并培养解决问题的能力。

（2）培养跨学科技能：Arduino 的开放性和可扩展性使得它可以与其他学科领域相结合，促进跨学科的学习。在创客教育中，学生们可以运用科学、技术、工程和数学（STEM）知识，同时还可以涉及艺术、设计和社会科学等其他领域。通过将不同学科的知识和技能整合到 Arduino 项目中，学生们可以培养综合能力和跨学科思维。

（3）实践和解决问题的能力：Arduino 的实践导向使学生们能够通过实际操作和调试来解决实际问题。他们可以设计和制作自己的项目，并通过不断尝试和改进来提高项目的功能和性能。通过面对挑战和解决问题的过程，学生们可以培养实践能力、逻辑思维和创新思维。

（4）团队合作和交流：在高校创客教育中，Arduino 项目通常需要学生们合作完成。他们需要共同制定项目计划、分工合作、协调资源和解决团队内外的交流问题。通过与他人合作，学生们可以培养团队合作和沟通技巧，学会倾听和尊重他人的意见，并从中学习如何更好地协作。

（5）培养创业精神和职业技能：Arduino 的创客教育不仅关注学科知识和技能的培养，还注重培养学生的创业意识和职业技能。通过参与 Arduino 项目，学生们可以了解产品设计和制造过程，学习市场调研、商业模式设计和市场推广等方面的知识。这有助于培养学生的创业精神和创业技能，为他们未来的就业和创业做好准备。

总的来说，Arduino 在高校创客教育中发挥了重要的作用。它为学生提供了一个实践和创新的平台，激发了他们的兴趣和创造力，培养了跨学科的能力，并帮助他们培养实践能力、解决问题的能力和团队合作精神。通过 Arduino 的应用，学生们能够将理论知识转化为实际项目，并在实践中获得宝贵的经验和技能。因此，Arduino 在高校创客教育中的角色不可忽视，对学生们的综合发展和职业准备具有重要意义。

3.3　四大载体促进 Arduino 与高校创客教育的融合

Arduino 作为一种开源硬件平台，在高校创客教育中扮演着重要的角色，并成为了许多高校创客教育项目的主要载体。以下是 Arduino 在高校创客教育中的几个主要应用载体：

（1）大学生科研训练计划项目：许多高校开展了面向大学生的科研训练计划，其中 Arduino 平台常被用于设计和实现科研项目。学生们可以利用 Arduino 平台进行传感器数据采集、控制系统设计、物联网应用等方面的研究。通过实际操作和实践，学生们能够深入了解科学研究的过程，并提高科研能力。

（2）科技竞赛：许多科技竞赛，如机器人大赛、工程实践与创新能力竞赛、电子设计竞赛、物理科技创新竞赛等，绝大多数都采用了 Arduino 平台作为参赛项目的核心元件。学生们可以利用 Arduino 平台设计和制作各种创新的电子设备和机器人，展示他们的创意和技术能力。这些竞赛促进了学生们的创新思维、实践能力和团队合作精神。

（3）学生社团和创客空间：许多高校设立了学生社团和创客空间，提供学生们进行创客活动的场所和资源支持。在这些社团和创客空间中，Arduino 平台常被用于组织各种创客活动和工作坊。学生们可以参与到各种项目中，与其他创客共同学习、交流和合作，提升自己的技术和创新能力。

（4）教育课程和实验：许多高校将 Arduino 平台纳入教育课程和实验中，用于教授电子技术、嵌入式系统、物联网等相关知识。学生们通过实际操作和实验，深入了解电子电路原理、程序设计等方面的知识，并应用于实际项目中。这种以实践为基础的教学方法提高了学生们的学习兴趣和动手能力。

Arduino 平台在高校创客教育中的应用不仅提供了丰富的资源和工具，还激发了学生们的创新热情和实践能力。通过参与到 Arduino 项目中，学生们能够掌握电子设计和编程技能，培养创造力、解决问题的能力和团队合作精神。此外，Arduino 平台的开放性和可定制性也为学生们提供了展示个性和创意的平台，激发了他们的创新意识和创业精神。

第4章 Raspberry Pi 平台与高校创客教育的融合

自 2012 年推出以来，树莓派（Raspberry Pi）通过其开放性、易用性和灵活性，逐渐成为了高校创客教育中的重要组成部分。作为一款低成本的单板计算机，树莓派在教育领域获得了广泛应用，为学生们提供了一个开放、可定制和创新的平台。

4.1 Raspberry Pi 简介与特点

4.1.1 Raspberry Pi 简介

Raspberry Pi（树莓派）是一款基于 ARM 架构的单板计算机，它的设计旨在为人们提供一个低成本、易于学习和灵活的计算平台。作为一种开源硬件，Raspberry Pi 的设计文件和软件开发工具都是开放的，使得用户可以自由地探索、创造和定制各种应用。

Raspberry Pi 项目始于 2012 年，由英国的一个慈善组织 Raspberry Pi 基金会发起。其初衷是解决计算机教育资源的不足问题，通过提供廉价而功能强大的计算机硬件，使更多的人能够接触和学习计算机科学和编程。随着时间的推移，Raspberry Pi 逐渐走进了更广泛的应用领域，包括物联网、嵌入式系统、科学实验、个人项目等。

Raspberry Pi 的硬件设计紧凑而简单，主要包括处理器、内存、存储、输入/输出接口和扩展插槽等。它采用了低功耗的 ARM 处理器，运行 Linux 操作系统，具有与传统计算机相似的功能和性能。同时，Raspberry Pi 还具备多个 USB 端口、HDMI 输出、以太网接口和 GPIO 引脚等，可方便地连接外部设备和传感器。

Raspberry Pi 的软件开发环境也是开放且多样化的。它支持多种操作系统，包括

Raspberry Pi 基金会开发的 Raspberry Pi OS（以前称为 Raspbian），以及其他基于 Linux 的发行版。这使得用户可以选择适合自己需求的操作系统，并利用丰富的软件资源进行应用开发和学习。

Raspberry Pi 的应用领域非常广泛。在教育领域，它被广泛用于计算机科学教育和编程培训，学生可以通过 Raspberry Pi 进行实践性学习和创作。在物联网领域，Raspberry Pi 可以作为中心控制器，连接和控制各种传感器和设备，构建智能家居、监控系统等应用。此外，Raspberry Pi 还可用于嵌入式系统开发、科学实验、个人项目和娱乐等领域。

Raspberry Pi 的成功得益于其开源的特性和庞大的社区支持。用户可以在开源社区中分享和获取各种项目、教程、应用案例和问题解答。这种开放和合作的精神促进了创意的交流和技术的进步，使得更多人能够参与到 Raspberry Pi 生态系统的发展中。

4.1.2　Raspberry Pi 的主要特点

Raspberry Pi 是一款基于 ARM 架构的单板计算机，具有以下主要特点：

（1）低成本：与性能相近的硬件相比较，Raspberry Pi 的价格相对较低，使其成为广泛应用于教育、创客和嵌入式系统开发等领域的理想选择。它的低成本使更多的人能够接触到计算机科学和物联网等领域，并开展自己的项目和实验。

（2）小巧灵活：Raspberry Pi 的外形小巧，尺寸约为信用卡大小。它易于携带和安装，可以嵌入各种物理设备中，如机器人、传感器、相机等。这使得它非常适用于各种创客和嵌入式应用。

（3）丰富的接口和扩展性：Raspberry Pi 具有多个通用输入输出引脚（GPIO 引脚），可以连接各种外部设备和传感器，如 LED、按钮、驱动器、温度传感器等。此外，它还提供了多个 USB 接口、以太网接口、HDMI 接口等，可以连接外部设备和显示器。

（4）强大的处理能力：尽管 Raspberry Pi 的体积小巧，但它搭载了强大的处理器和内存，具备足够的计算能力来运行复杂的应用程序和任务。最新的 Raspberry Pi 模型配备了更快的处理器、更大的内存和更高的性能，可以处理更复杂的计算和图形任务。

（5）开源和丰富的软件支持：Raspberry Pi 采用开源的设计和操作系统（如 Linux），并拥有庞大的开发者社区。这意味着用户可以自由使用、修改和共享软件，并从社区中获得丰富的技术支持和资源。Raspberry Pi 支持多种编程语言和开发环境，如 Python、C、Scratch 等，使用户能够根据自己的需求进行开发和定制。

（6）教育和学习工具：Raspberry Pi 广泛应用于教育领域，作为学生学习计算机科学、编程和物联网的工具。它提供了丰富的教育资源和项目，鼓励学生进行实践和创造，并培养他们的计算思维和问题解决能力。

总的来说，Raspberry Pi 以其低成本、小巧灵活、丰富的接口和扩展性、强大的处理能力、开源的设计和丰富的软件支持等特点，成为创客、教育和嵌入式系统开发领域的重要工具。它为用户提供了实现各种创意和项目的平台，并促进了计算机科学和物联网等领域的学习和创新。

4.1.3　Raspberry Pi 创意项目

由于 Raspberry Pi 具有较低的入门门槛和易用性，它成为了许多进阶创意项目的首选平台。无论是对电子制作爱好者还是创客来说，Raspberry Pi 都提供了一个简单而又强大的工具，让他们能够将自己的创意变为现实。下面介绍几个基于 Raspberry Pi 开发的项目[58]。

1. 基于树莓派的监控机器人

在家庭、工作场所、军事区域和国境等地，安全问题一直是一个巨大的需求。对于能够保护人员、财产和国界的安全系统，一直存在高需求。本项目旨在提供对高度敏感区域（如边界地区、恐怖分子聚集地）的监控，而无须冒着人员生命的风险。

在这个项目中，使用树莓派（Raspberry Pi）制作了一种监控机器人，如图 4-1 所示。机器人通过手机 APP 控制，手机蓝牙与机器人连接，向底盘发送方向控制信号，机器人使用一台 360 度夜视摄像头进行监视。摄像头提供所拍摄的实时视频，可以在手机 APP 上观看。手机 APP 还具备 360 度全方位旋转功能，实现全方位监控，同时支持视频和音频的保存功能。

图 4-1　基于树莓派的监控机器人

这个监控机器人为人们提供了一种安全有效的监控解决方案，可以在危险区域进行远程监控，以确保人员和财产的安全。通过避免直接人员进入危险区域，减少了潜在的危险和风险，提高了监控的效率和安全性。这样的技术创新有望在未来得到广泛应用，为各种领域提供更加安全和高效的解决方案。

机器人通过电池供电，以 Raspberry Pi 作为主控板，并通过电机控制板来驱动电动机。机器人顶部安装了摄像头，并通过蓝牙与手机进行连接。控制原理如图 4-2 所示。

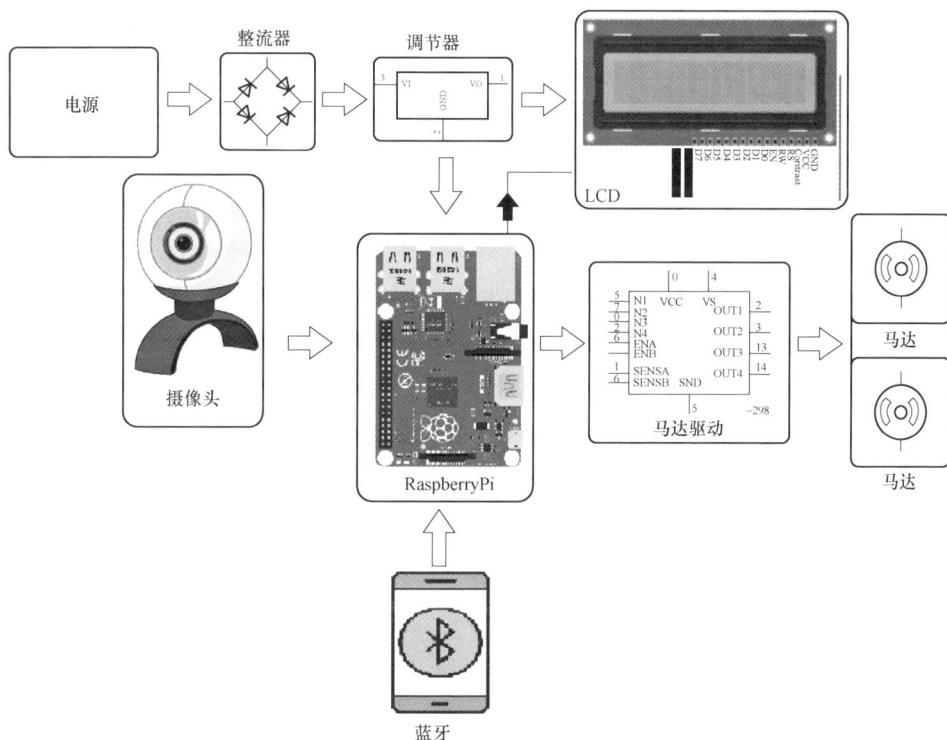

图 4-2　基于树莓派的监控机器人控制原理图

该项目的创新性在于将机器人与智能手机相结合，为用户提供更加便捷和高效的监控解决方案。用户可以通过手机随时随地监控目标区域，而无须亲自前往现场，从而大大减少了风险和人力成本。同时，机器人的移动性和 360 度旋转功能使得监控范围更广，能够满足不同场景下的监控需求。该技术创新有望在安全监控领域得到广泛应用，为人们提供更加安全、高效的监控解决方案。未来随着技术的不断发展和进步，这样的监控机器人系统有望进一步完善和优化，为人们创造更多的价值和便利。

2. 物联网自动测温自动控制入场系统

在过去几年中，新冠病毒的肆虐使得疫情防控变得尤为重要。病毒检测的第一步通常是扫描体温，同时我们也需要监测每个人是否佩戴口罩。为了满足这一需求，每个入口都配备了测温系统进行扫描。然而，手动测温系统却存在着一系列缺点：工作人员可能对使用测温设备不够熟练，可能出现读取体温数值时的误差，有时人员即使体温异常或未佩戴口罩仍然被允许进入，而缺乏监督可能导致工作人员跳过扫描步骤。此外，手动测温系统对于大量人群情况下的检测效率也不尽如人意。

为了解决这些问题，提出了一个全自动的体温扫描和入口控制系统。该系统采用无须接触的温度扫描器和口罩监测器，直接连接栅栏门以阻止高温或未佩戴口罩的人员进入。只有同时满足体温和佩戴口罩条件的人员才能被允许进入。

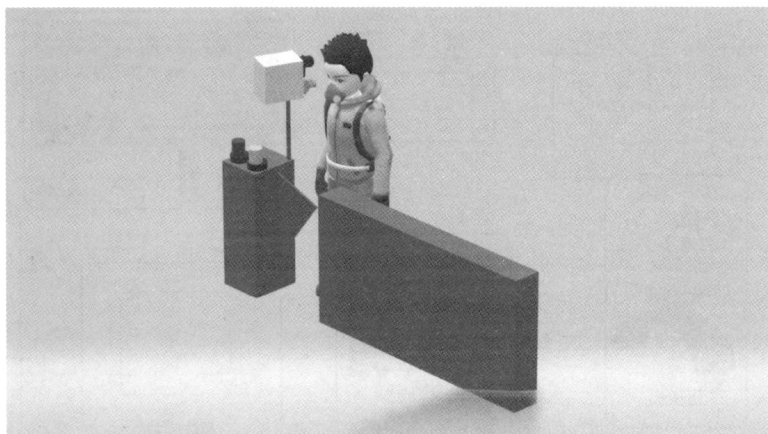

图 4-3　物联网自动测温自动控制入场系统

该系统利用树莓派作为主要控制板，结合温度传感器、摄像头、电机和栅栏门等组件，实现了全自动的疫情防控措施。同时，系统会将有异常的人员信息通过物联网传输到服务器，供相关部门进一步采取行动并进行新冠病毒检测。全自动体温扫描和入口控制以下是该系统的原理介绍：

1）温度传感器检测体温：系统中配备了无须接触的温度传感器，这种传感器可以非接触地测量人体体表温度。当人员走近入口时，温度传感器将自动检测其体温。

2）口罩监测器检测佩戴情况：系统还配备了口罩监测器，该监测器可以识别人员是否佩戴口罩。当人员走近入口时，口罩监测器将自动检测其是否佩戴口罩。

3）树莓派处理传感器输入：温度传感器和口罩监测器的数据由树莓派进行处理。根据传感器的数据，树莓派判断人员的体温是否异常，以及是否佩戴口罩。

4）控制栅栏门：根据温度和口罩检测结果，树莓派控制电机来操作栅栏门的开关。如果人员体温正常且佩戴口罩，栅栏门将自动打开，允许其进入；如果人员体温异常或未佩戴口罩，栅栏门将保持关闭状态，阻止其进入。

5）物联网传输异常信息：如果有人员体温异常或未佩戴口罩，树莓派会将相关信息通过物联网传输到服务器。相关部门可以及时收到这些异常信息，并进行进一步的疫情检测和处理。

这一系统为预防疫情的传播提供了全自动化的解决方案，具有广泛的应用前景，可以用于铁路入口、机场入口、办公场所、博物馆和游乐园等公共场所。它的优势在于实时监测和远程控制，有效减少了人为干预和操作错误，为疫情防控提供了有力支持。

3. 物联网门铃与家庭安防装置

在现代社会，快速、无接触和自动化已经成为人们追求的目标。随着科技的不断进步，物联网技术也逐渐渗透到我们的日常生活中。在这个背景下，我们提出了一种利用物联网技术的智能门铃与家庭安全系统，可以实现自动识别访客并及时通知房主。

这款智能门铃采用树莓派控制器，配备摄像头模块和扬声器，实现自动化操作。这个系统不仅可以让房主了解到来访者的身份，还可以在房主不在家时充当安全系统，及时警示任何潜在的入侵行为。智能门铃与家庭安全系统的主要优势包括：自动识别访客身份、语音辅助交互界面、即时在桌面或移动设备上接收警报、能够在远程位置发出警报、随时监控房屋外的活动、完全自动化系统。

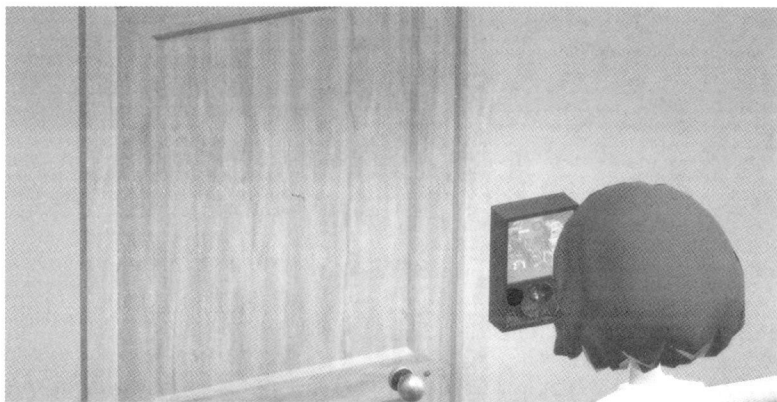

图 4-4　物联网门铃与家庭安防装置

树莓派控制器使整个门铃系统实现了高度自动化。系统通过摄像头模块捕捉门口来访者的视频和图像，并利用人脸识别技术检查来访者是否在系统中注册。如果来访者在系统中注册，门铃会自动问候，并通过物联网将来访者的信息及图像发送给房主。如果来访者不在系统中注册，系统将向房主显示来访者的图像，并通过物联网接口允许房主提出问题或回复。系统还允许房主通过物联网界面随时查看门前实时图像。同时，系统还可以让房主在有异常或入侵企图时通过物联网界面远程触发警报，警示附近的邻居。

这款智能门铃与家庭安全系统将帮助家庭实现高效便捷的门铃体验，并提供了额外的安全保障，帮助房主时刻保持家人和财产的安全。

4. 带有助眠功能的家用空气净化器

空气污染现在是一个全球性问题，尤其是大城市。许多城市的空气污染水平通常远远超过健康空气标准，而睡眠不足是城市居民繁忙的日程安排和压力造成的另一个问题。因此，我们设计了一种带有助眠功能的家用空气净化器。

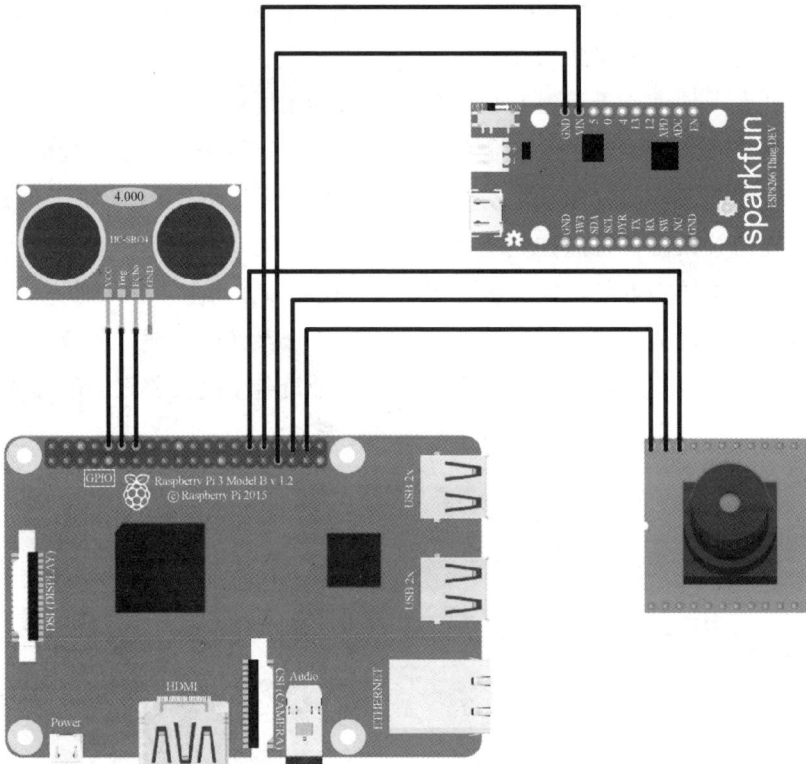

图 4-5　物联网门铃与家庭安防装置电路图

用户可以通过语音命令启动或关闭净化器，也可以根据需要通过语音控制风扇的速度。用户还可以询问净化器当前室内的污染水平，系统通过扬声器回答用户的问题。此外，用户还可以通过语音命令播放睡眠音乐，以帮助入睡。净化器通过麦克风听取用户的语音指令，并通过扬声器向用户播放音频。

净化器从底部吸入空气，经过过滤后通过顶部网格排出洁净空气。树莓派控制器负责监听用户的指令，并根据需求控制风扇和扬声器，以实现这款多功能空气净化器的所有功能。这款智能的语音控制空气净化器既保障了室内空气质量，又为用户提供了方便快捷的操作体验。

5. 基于物联网的昏迷患者监测系统

正如我们所知，昏迷是一种无意识状态，患者无法感受或对疼痛、光线或声音作出反应，也不会主动采取任何行动。昏迷状态的患者需要持续监测血压、体温、湿度和尿液水平。手动进行监测对于同时监测多名患者几乎是不可能的。为了解决这个问题，我们的系统应运而生，该系统将通过传感器收集患者的信息，这些传感器使用 Wi-Fi 将这些信息传输到互联网。该系统由树莓派供电，包括血压监测单元、超声波传感器用于检测尿液、温度传感器、运行传感器和液晶显示屏。

图 4-6 带有助眠功能的家用空气净化器

当我们打开系统时，它通过 Wi-Fi 连接到网站。系统监视器显示 4 个指标，即心率、体温、湿度和尿液输出。在测试系统的心率功能时，心率和血压值会通过物联网和液晶显示屏更新。由于昏迷患者无法自主排尿，因此会插入一根橡胶管到其膀胱以排出尿液。该系统测试尿液水平，并将该值通过物联网和液晶显示屏更新。当患者排尿时，如果患者恢复意识并试图移动，传感器将检测到运行并通过物联网和液晶显示屏更新该信息。通过这种方式，我们的系统监测昏迷患者的状况。

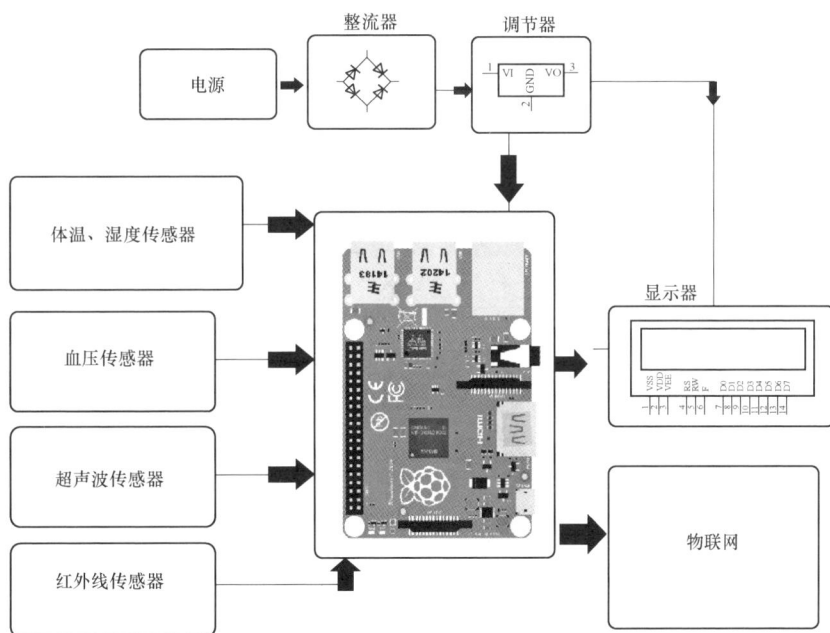

图 4-7 基于物联网的昏迷患者监测系统

6. 车辆防盗人脸识别系统

这是一个可以在许多汽车中使用的先进系统。如今，制作车辆钥匙的复制品并不困难，而使用这样的钥匙增加了被盗的风险。针对这个问题，我们提出了一个解决方案。我们的系统使用人脸识别技术来识别车辆的授权用户，只有授权用户才被允许使用车辆。系统使用树莓派电路，包括一个 24×4 LCD 显示屏、一个电机和蜂鸣器警报，还包括一个摄像头。当我们打开系统时，它提供 3 个选项：注册、启动和清除数据。在注册时，它首先扫描车主的脸。注册成功后，车主可以启动车辆。要停止车辆，车主需要按下后退命令。如果未经授权的用户试图使用车辆，系统会扫描其脸部，并检查脸部是否与授权脸部匹配，如果不匹配，系统会拒绝启动并启动蜂鸣器警报。通过这种方式，系统有助于保护这些智能车辆。

图 4-8　基于树莓派的车辆防盗人脸识别系统

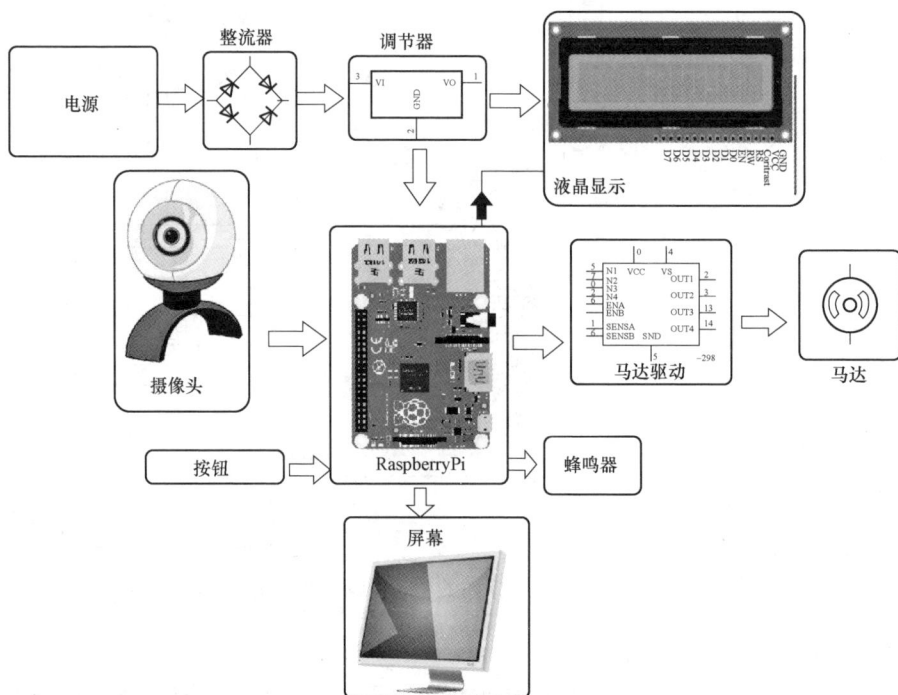

图 4-9　基于树莓派的车辆防盗人脸识别系统控制原理图

7. 基于树莓派的空气和噪声污染监测系统

在当今情况下，不断增加的空气和噪声污染成为一个令人担忧的大问题。必须对此进行控制和适当的监测，以便采取必要的措施来控制情况。在这个项目中，提出了一种使用树莓派的物联网方法来监测和实时检测一个地区的空气质量指数和噪声污染的方法。推荐的技术包括两个模块，即空气质量指数监测模块和声强检测模块。

图 4-10　基于树莓派的空气和噪声污染监测系统

首先，通过考虑空气中污染物的存在来测量空气质量指数。然后使用相应的传感器检测声音强度。系统使用空气传感器来检测空气中有害气体/化合物的存在，并将这些数据不断传输到微控制器。系统还持续测量声音水平并通过物联网将其报告给在线服务器。传感器与微控制器交互，后者处理这些数据并通过互联网传输。这使得相关部门可以监测不同地区的空气污染情况，并采取行动对抗污染。此外，相关部门还可以监测学校、医院和禁止鸣笛区域附近的噪音污染，如果系统检测到空气质量和噪音问题，它会向有关部门发出警报，以便他们采取措施控制问题。

8. 基于树莓派的声控热冷水饮水机系统

该系统完全基于声音传感器，使用树莓派电路。这款饮水机系统还使用了红外传感器、声音传感器、麦克风、水桶、水管和电动马达。在这个项目中，声音传感器会检测声音，然后将相应的信息发送到微控制器，以了解用户需要的水是热的还是冷的。微控制器处理这些信息并通过红外传感器来判断玻璃杯是否放在了水管下方。系统使用红外传感器来检测玻璃杯的存在，然后红外传感器向微控制器发送有关玻璃杯存在的信号，根据信号，电动马达启动并通过水管从特定的水桶（热水或冷水）流出水。如果没有放置玻璃杯，传感器向电动马达发送相应的信号，导致水不会流过水管直到玻璃杯放置在下面。该系统可以在家庭、办公室等地使用，只需通过声音命令即可获取热水或冷水。

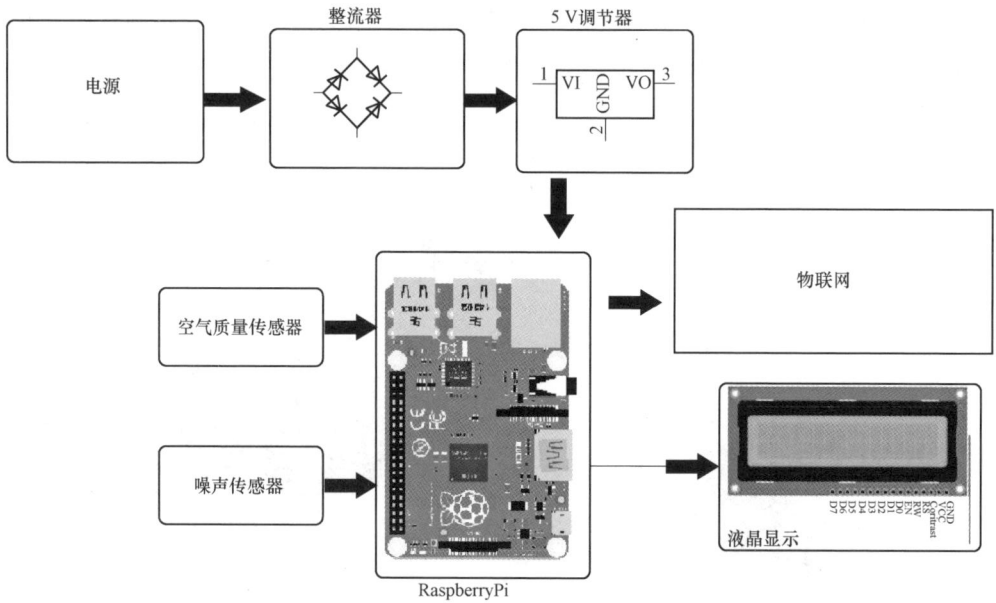

图 4-11　基于树莓派的空气和噪声污染监测系统电路图

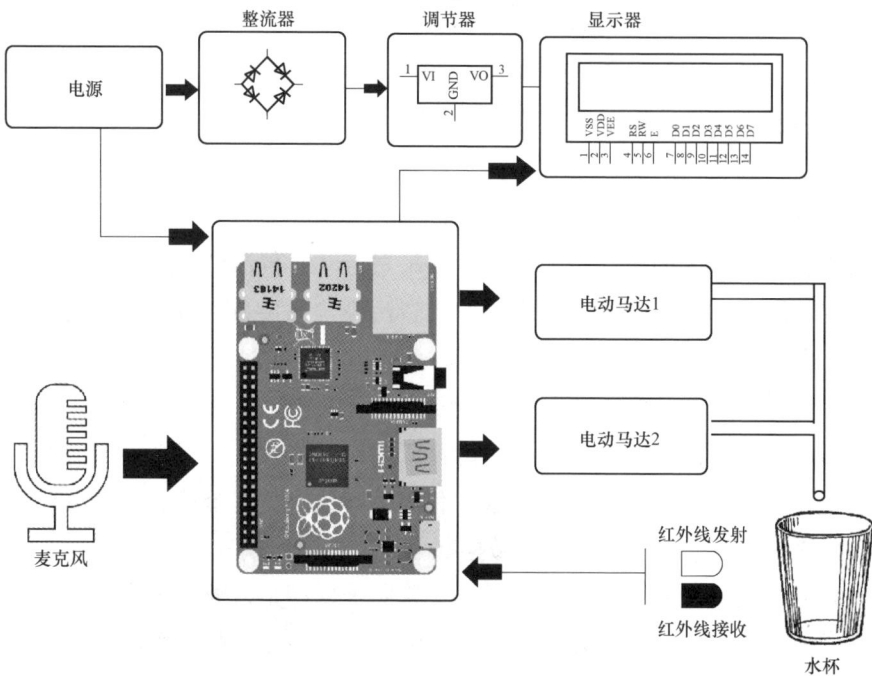

图 4-12　基于树莓派的声控热冷水饮水机系统

9. 驾驶员疲劳检测及警示系统

主要研究表明，大约 20%的道路事故与疲劳驾驶有关。驾驶员疲劳可能非常危险，很多道路事故都与驾驶员在驾车时打瞌睡，并随后失去对车辆的控制有关。然而，在出现临界情况之前，疲劳和昏昏欲睡的初期迹象是可以被检测到的。驾驶员疲劳检测是一项汽车安全技术，它有助于预防因驾驶员疲劳而引起的事故。在这个项目中，我们旨在设计和开发驾驶员疲劳检测系统，使用图像处理来检测驾驶员是否感到疲劳和昏昏欲睡。通过图像处理，我们检测驾驶员的眼睛，并检测他的眼睛闭合的时间，如果驾驶员的眼睛闭合时间超过 20 秒，系统中的扬声器将发出警报，提醒驾驶员并使其醒来，从而避免事故的发生。

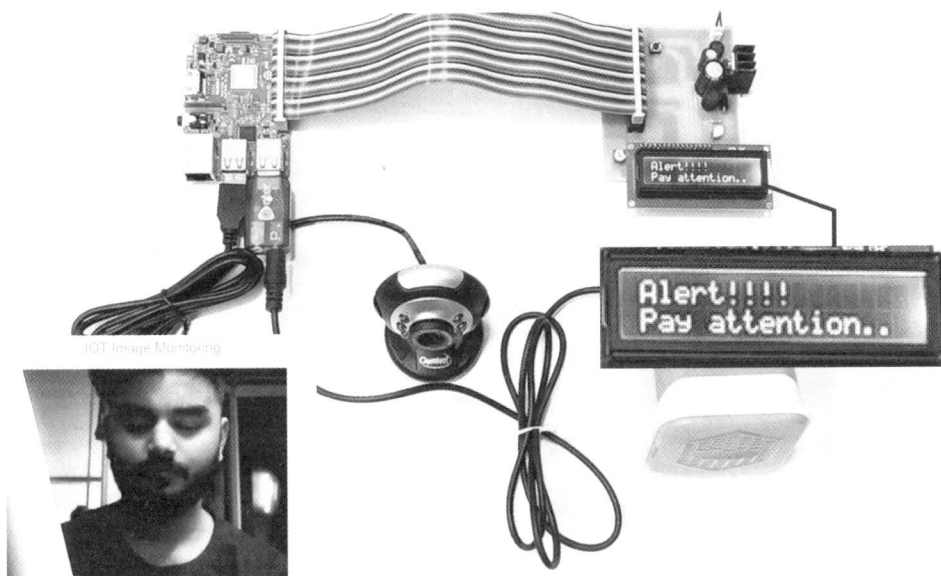

图 4-13 驾驶员疲劳检测及警示系统

10. 废物和垃圾回收系统

随着产生的废物数量不断增加，低地填埋场用于废物处理的空间受限，有效利用废物已成为管理废物的重要途径之一。对环境的关注导致全球范围内废物回收大幅增加，已成为现代文明的重要组成部分。我们的垃圾回收系统将有助于将可回收的废物与不可回收的废物进行分类，并为个人提供经济利益，从而提高人们回收废物的积极性。在这个垃圾管理自动售货机中，垃圾袋上会附着条形码；条形码上会包含有关垃圾是否可回收或需要处理的信息。这些垃圾袋放置在传送带上，传送带上的条形码阅读器会扫描垃圾袋，然后确定垃圾的类型，最后在传送带的末端，伺服电机装置将垃圾袋推入其各自的垃圾桶，非可回收垃圾桶内的废物被处理，可回收垃圾的重量被计算，并根据重量为用户提供相应的金额。

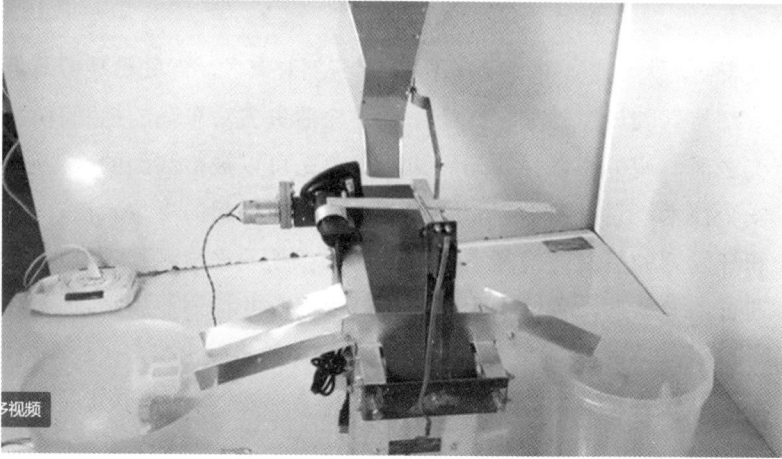

图 4-14　废物和垃圾回收系统

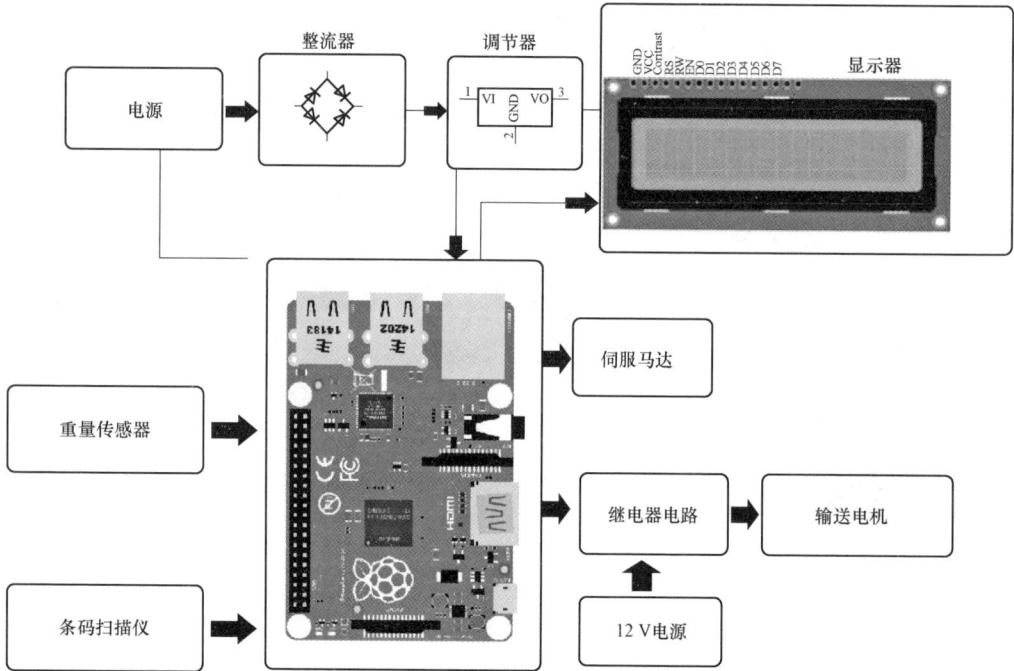

图 4-15　废物和垃圾回收系统电路图

4.2　Raspberry Pi 在高校创客教育中的应用

Raspberry Pi 在高校创客教育中具有广泛的应用，可以激发学生的创造力和探索精神，培养他们的计算思维和实践能力。以下是 Raspberry Pi 在高校创客教育中的一些常见应用：

（1）学习计算机科学和编程：Raspberry Pi 可以作为学生学习计算机科学和编程的工具。通过编写和运行程序，学生可以学习 Python、C、Scratch 等编程语言，并掌握基本的编程概念和算法思维。他们可以编写自己的应用程序、游戏和实验项目，从而提高他们的编程技能和创造力。

（2）物联网（IoT）应用开发：Raspberry Pi 是构建物联网应用的理想平台。学生可以使用 Raspberry Pi 连接各种传感器和设备，如温度传感器、光线传感器、运行传感器等，构建智能家居系统、环境监测系统、智能农业系统等。他们可以学习如何收集和分析传感器数据，并通过网络进行远程控制和监控。

（3）机器人和自动化系统：Raspberry Pi 可以用于构建机器人和自动化系统。学生可以将 Raspberry Pi 与电机、传感器和执行器等组件结合起来，设计和构建各种类型的机器人，如小车、无人机、智能摄像头等。他们可以编写控制程序，实现机器人的运行、感知和决策能力，并进行自主导航和任务执行。

（4）数据科学和人工智能：Raspberry Pi 可以用于学习和实践数据科学和人工智能领域的技术。学生可以使用 Raspberry Pi 进行数据采集和处理，运行机器学习算法和深度学习模型，进行图像识别、语音识别、物体检测等任务。他们可以探索数据科学的方法和工具，并应用于实际问题的解决。

（5）创客项目和竞赛：Raspberry Pi 提供了丰富的创客项目和竞赛机会。学生可以参加各种创客比赛和挑战，如校内创新大赛、创客马拉松等，展示他们的创意和技术实现。通过参与这些项目和竞赛，学生可以锻炼团队合作、项目管理和创新思维的能力。

总的来说，Raspberry Pi 在高校创客教育中的应用非常广泛。它为学生提供了一个开放的平台，可以进行各种创意和实践项目，并培养他们的计算思维、编程能力和创造力。通过与传感器、设备和网络的结合，Raspberry Pi 帮助学生实现物联网和自动化系统的构建。同时，它也为学生参与创客项目和竞赛提供了机会，促进了他们的团队合作和创新能力的发展。

4.3　Raspberry Pi 与 Arduino 在高校创客教育中的应用对比

树莓派（Raspberry Pi）和 Arduino 是两种不同的开发平台，它们在功能、设计理念和应用领域上存在一些区别。以下是它们之间的几个主要区别。

（1）处理能力：树莓派是一台完整的计算机系统，具有较强的处理能力。它采用 ARM 架构的处理器，通常具有多核心和较高的时钟频率。这使得树莓派可以运行复杂的操作系统和应用程序，并处理更多的计算任务。相比之下，Arduino 的处理能力较弱，适用于较简单的任务和实时控制。

（2）编程语言和开发环境：树莓派可以使用多种编程语言进行开发，包括 Python、C/C++、Java 等。它支持通用的开发环境，如 Linux 操作系统和常用的集成开发环境（IDE）。Arduino 则专注于 C/C++编程，并提供了专门的 Arduino 开发环境，使得编写和上传代码变得简单。

（3）I/O 接口：Arduino 的设计主要关注于物理计算和交互，因此它具有丰富的 GPIO（通用输入输出）接口，用于连接和控制各种传感器、执行器和外部设备。树莓派也具有 GPIO 接口，但相比之下较少，并且需要通过扩展板（如 GPIO 扩展板）来扩展更多的 I/O 接口。

（4）电源供应：Arduino 通常以外部电源供应为主，可以通过 USB、电池或外部电源适配器提供电源。树莓派则支持通过 Micro USB 接口供电，也可以通过 GPIO 接口连接电源。此外，树莓派还可以通过网络连接供电（例如通过以太网）。

（5）应用领域：由于树莓派的计算能力和操作系统支持，它更适合用于复杂的应用，如物联网、媒体中心、服务器、学习计算机科学等。Arduino 则更适合用于实时控制、嵌入式系统、传感器交互和简单的电子项目。

需要注意的是，树莓派和 Arduino 并不是完全互斥的选择，它们可以在一些项目中结合使用，利用各自的优势来实现更复杂和综合的功能。根据具体的需求和项目要求，选择合适的平台或结合使用两者可以更好地满足开发需求。

第 5 章　其他开源硬件及应用简介

除了 Arduino 和树莓派，近年来涌现出了许多新的开源硬件平台。这些平台各具特色，为创客和开发者提供了更多选择和可能性。以下是一些新兴的开源硬件平台。

5.1　ESP8266 和 ESP32

5.1.1　ESP8266 和 ESP32 硬件简介

ESP8266 和 ESP32 是由乐鑫科技（Espressif Systems）开发的两个流行的开源硬件平台。ESP8266 于 2014 年首次推出，是一款低成本的 Wi-Fi 模块，内置了一个 32 位的 Tensilica 处理器。它具有较低的功耗和丰富的外设接口，适用于物联网应用和远程控制。ESP8266 被广泛应用于智能家居、传感器网络、远程监控等领域。尽管 ESP8266 处理器性能相对较低，但其低成本和可靠性使其成为创客和开发者的首选。

ESP32 是 ESP8266 的后继产品，于 2016 年发布。ESP32 是一款双核处理器，内置了 Wi-Fi 和蓝牙功能。它不仅继承了 ESP8266 的低成本和丰富的外设接口，还具有更强大的计算能力和更高的性能。ESP32 广泛应用于物联网、智能家居、工业自动化和智能城市等领域。由于其较高的性能和多种通信接口的支持，ESP32 被视为更强大的开源硬件平台之一。

ESP8266 和 ESP32 都可以通过编程进行控制和扩展，开发者可以使用 Arduino IDE 或其他支持的开发工具进行开发。它们的开源社区活跃，有大量的库和资源可供开发者使用。此外，乐鑫科技还提供了丰富的技术文档和示例代码，方便开发者上手和应用。

这两个开源硬件平台的出现为创客和开发者提供了强大而灵活的工具，用于构建物联网应用、智能设备和其他创新项目。它们的低成本、丰富的功能和广泛的应用领域，使得更多的人可以参与到创客教育和创新实践中，推动科技创新的发展。ESP8266 和 ESP32 如图 5-1 所示。

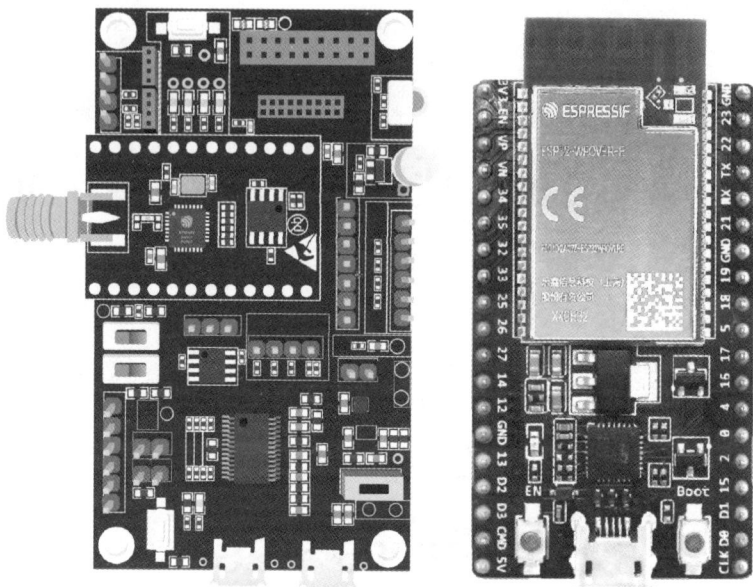

图 5-1　ESP8266 和 ESP32

5.1.2　ESP8266/ESP32 应用案例——ESP8266/ESP32 语音控制灯泡

本项目[59]通过 Alexa（Amazon Echo Dot）语音命令控制 ESP8266 或 ESP32 控制连接到继电器模块的两个 12 V 的灯泡。我们还将添加两个 433 MHz 的 RF 墙面开关，以便通过物理按键控制灯的开关。每盏灯都有一个开关。按下开关会改变灯的状态，与当前状态相反。例如，如果灯处于关闭状态，按下墙面开关将打开灯。要关闭灯，只需再次按下开关。控制方式如图 5-2 所示。

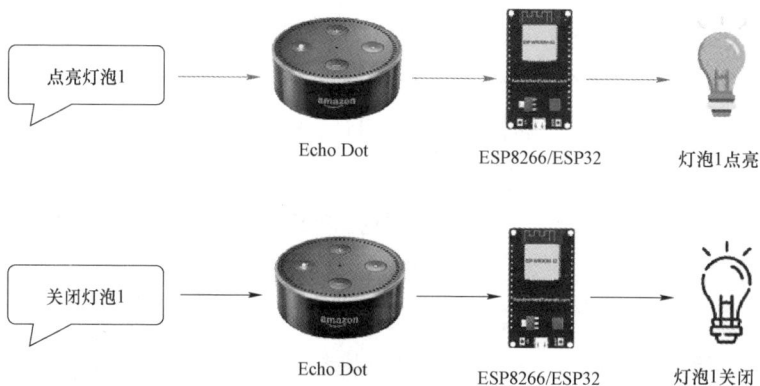

图 5-2　灯泡无线语音控制

完成此项目所需的零件的完整清单如表 5-1 所示。

表 5-1　元器件清单

序号	元器件	数量
1	ESP8266	1
2	ESP32	1
3	Alexa-Echo、Echo Show 或 Echo Dot	1
4	433 MHz RF 墙面开关	2
5	433 MHz 发射器/接收器	1
6	12 V 2 A 电源适配器	1
7	降压变换器	1
8	继电器模块	2
9	12 V 灯	2
10	12 V 灯座	2
11	2.1 mm 直流电源 DC 插头	1
12	芯片板或面包板	1
13	杜邦线	若干

元器件如图 5-3 所示。

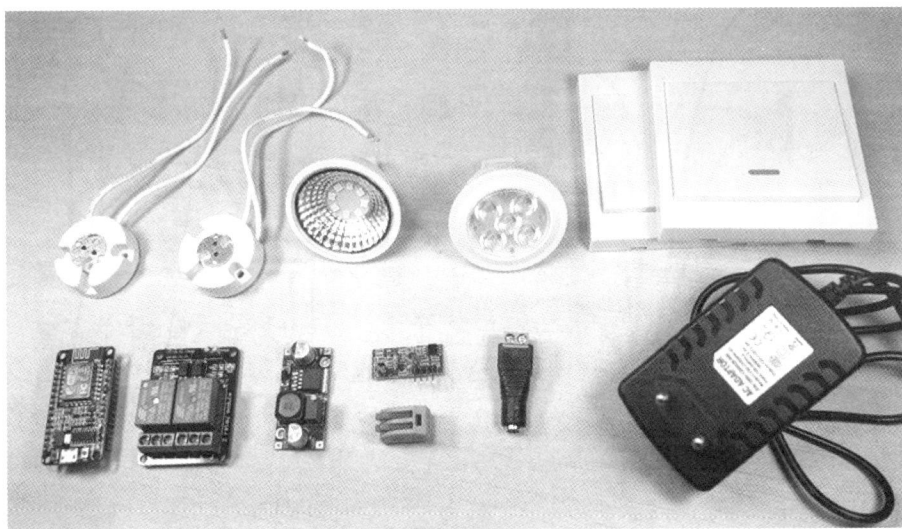

图 5-3　元器件清单

如果用 ESP8266，电路连接如图 5-4 所示。ESP8266 连接方式：GPIO 5 连接到 433 MHz 接收器的数据引脚；GPIO 4 连接到继电器的 IN1 引脚；GPIO 14 连接到继电器的 IN2 引脚。

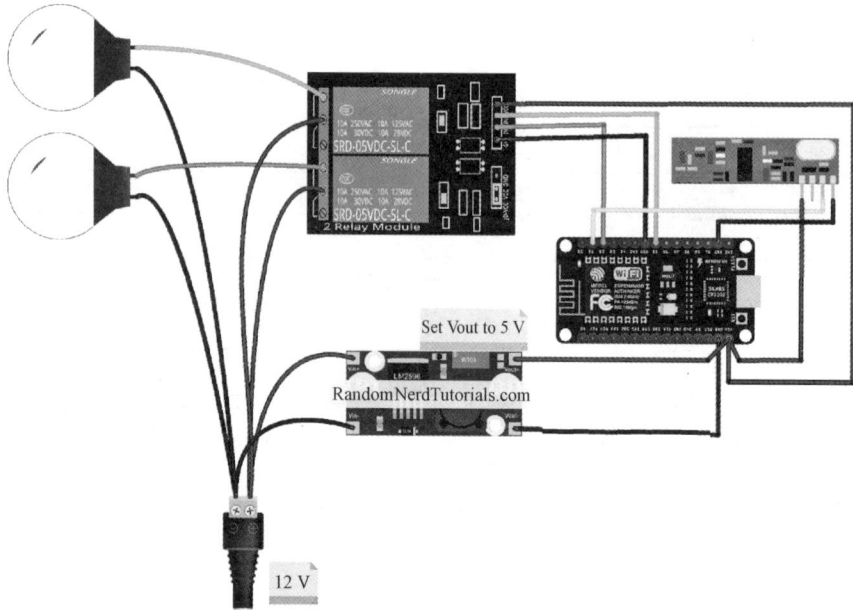

图 5-4　ESP8266 电路连接图

如果用 ESP32，电路连接如图 5-4 所示。GPIO 13-433 MHz 接收器数据引脚；GPIO 14-继电器 IN1 引脚；GPIO 12-继电器 IN2 引脚。

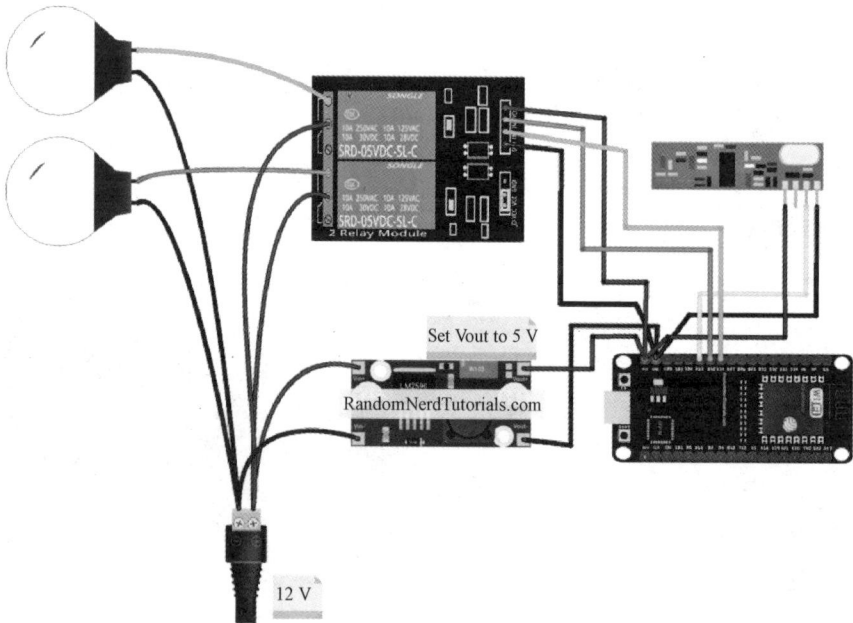

图 5-5　ESP32 电路连接图

将代码写入 Arduino IDE，并修改相应参数，运行效果如图 5-6 所示。由于代码较长，放在附件供参考。

图 5-6　演示效果

5.2　STM32 系列

5.2.1　STM32 硬件简介

STM32 是由意法半导体（STMicroelectronics）开发的一系列 32 位 ARM Cortex-M 微控制器，被广泛应用于工业控制、物联网、消费电子和汽车电子等领域。作为一款流行的开源硬件平台，STM32 以其高性能、低功耗和丰富的外设接口而备受关注。

STM32 微控制器采用了 ARM Cortex-M 内核，这是一种高性能且低功耗的处理器架构。它提供了强大的计算能力和多样化的外设接口，如通用输入输出（GPIO）、通用串行总线（USART、SPI、I2C）、模拟与数字转换器（ADC、DAC）以及定时器和中断控制器等。这些外设接口使得 STM32 微控制器适应各种应用需求，能够满足不同项目的要求。

STM32 系列微控制器拥有多个型号和系列，每个型号都针对特定的应用领域和性能要求。不同型号在处理器速度、存储容量、外设数量和特性上略有差异。这种灵活性使得开发者能够根据项目需求选择适合的型号，以实现最佳的性能和功耗平衡。

STMicroelectronics 提供了丰富的开发工具和软件支持，以帮助开发者快速上手并开发 STM32 应用。其中包括 STM32Cube 软件开发套件（SDK）、集成开发环境（IDE）如 Keil、IAR 等，以及大量的示例代码和文档。此外，STM32 社区也非常活跃，开发者可以在社区中分享经验、获取支持，并与其他开发者进行交流。

作为一款开源硬件平台，STM32 的核心处理器和外设接口文档是公开可获得的，开发者可以充分利用这些资源进行二次开发和定制。这使得 STM32 在开源硬件社区中备受欢迎，并成为许多项目的首选平台。STM32 最小系统板如图 5-7 所示。

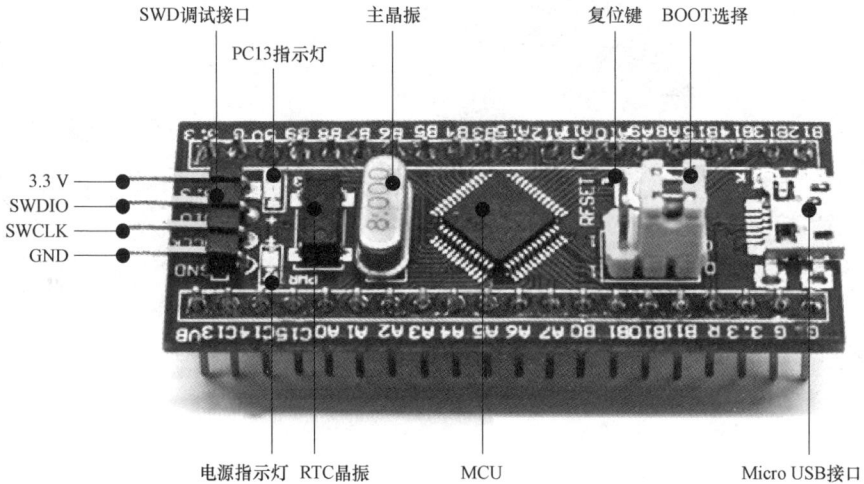

图 5-7　STM32 最小系统板

5.2.2　STM32 应用案例——太阳能海洋气象与污染监测站

与陆地天气不同，海洋天气常常难以预测，有时变化剧烈。随时跟踪海洋天气是一项非常艰巨的任务。海洋污染是一个不断增长的关注问题，控制污染的第一步是测量污染。另一个问题是海上缺乏蜂窝网络或其他数据传输网络。因此，有必要在海上始终使用具有自己数据传输能力的小型海洋气象站来获取这些详细数据。

因此，我们设计和开发了一个小型海洋气象和海洋污染监测站，可以将数据传输到海岸边的监测站。该系统使用一系列传感器，由 STM32 控制器控制，以实现这一任务。此外，我们还开发了一个接收器系统，用于接收和显示来自发射器的数据。

发射器单元始终位于海上，无法定期从陆地充电，因此，我们使用太阳能电池板使其能够自行发电并在海上工作。太阳能电池板充电板载电池，用于为电路供电。发射器使用 pH 传感器测量水的 pH 值，浊度传感器以检查污染、水温和水面上的湿度。此外，系统还配备了一个加速度计，用于检测海况，根据海洋的粗糙程度或平静程度，加速度计产生的值可以用来检查海洋是否平静或波涛汹涌。这些值由 STM32 控制器不断监测，并在一定时间间隔内通过射频发射器传输。发射器配备高增益天线，以实现最大传输距离。

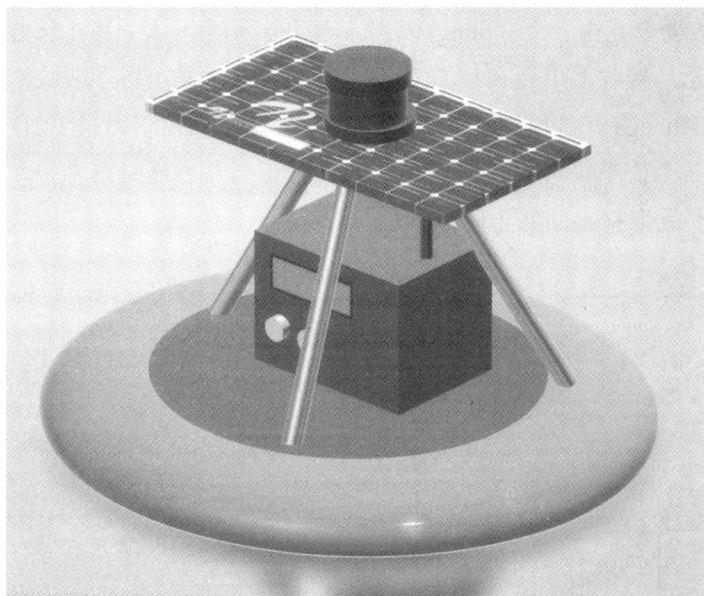

图 5-8 太阳能海洋气象与污染传输浮标

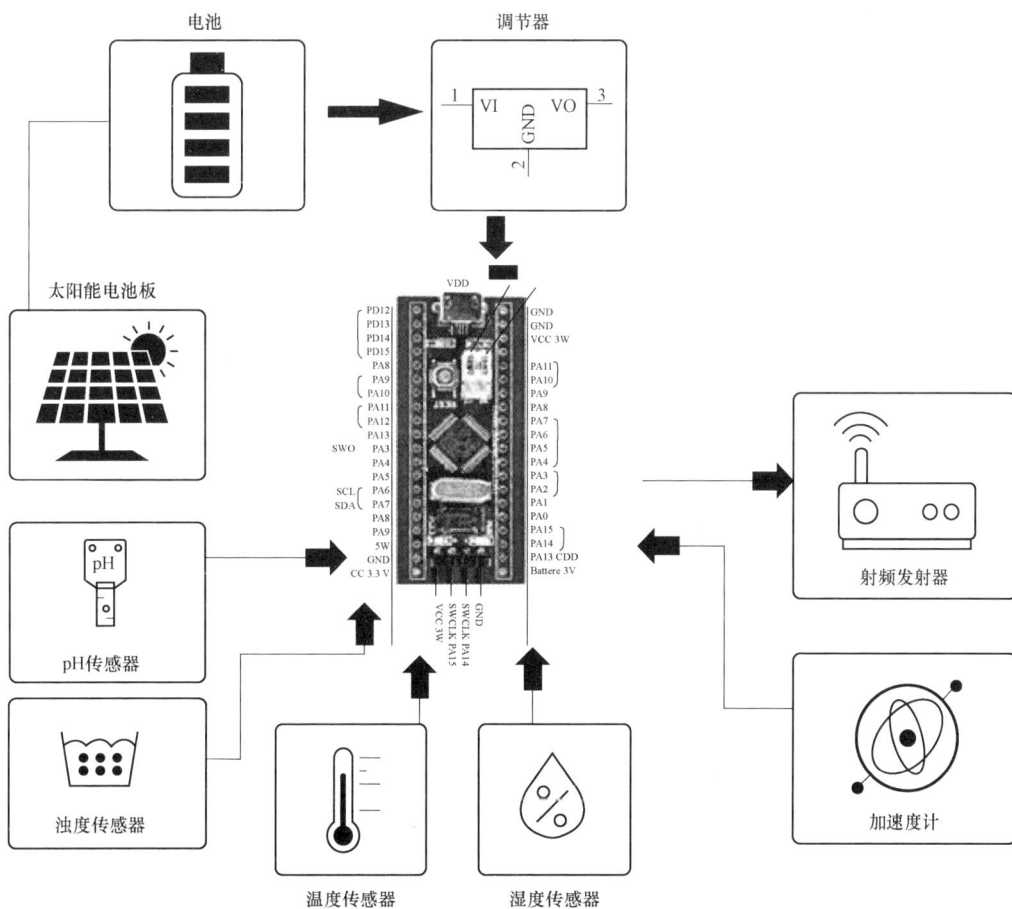

图 5-9 发送系统电路图

现在，接收器单元由一个 Atmega 微控制器和显示器开发，用于接收发射器浮标传输的数据并显示。接收器单元包括带有天线的射频接收器，用于接收海洋单元传输的数据值。然后 Atmega 微控制器接收和处理这些数据。微控制器在 LCD 显示屏上显示这些值。如果某个值不正常或超出设定范围，它还会发出蜂鸣器警报，并显示警报，以通知站点人员采取措施并警告附近的船只/人员。

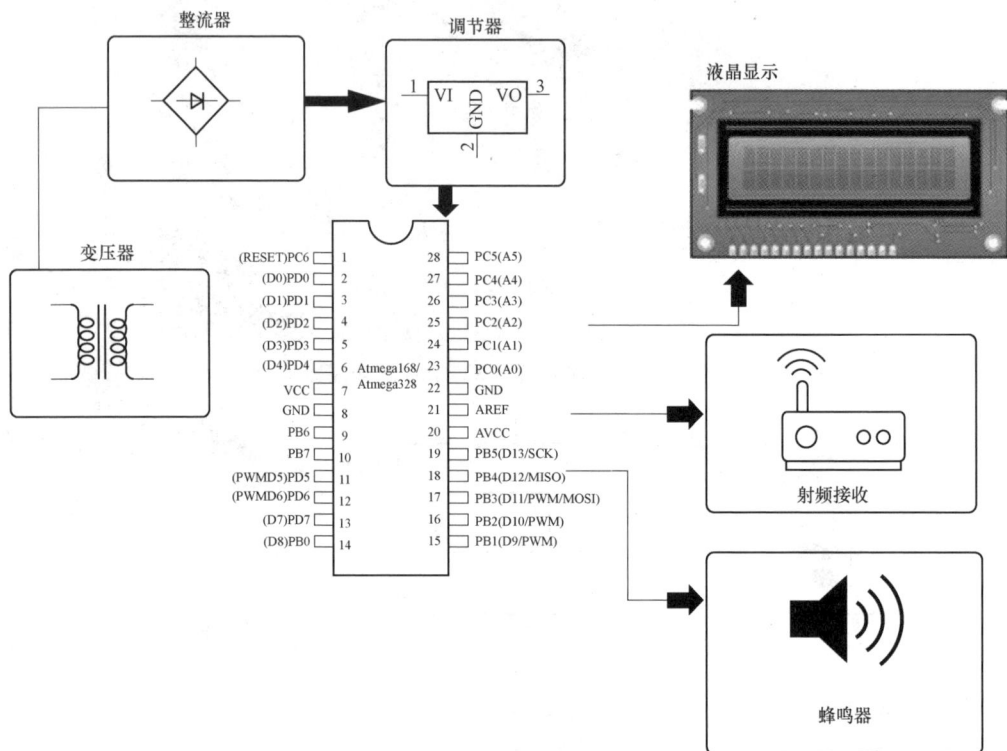

图 5-10　接收单元电路图

5.3　BeagleBone 系列

5.3.1　BeagleBone 简介

BeagleBone 是一款开源硬件平台，由 BeagleBoard.org 基金会开发。它是一款低成本、低功耗的单板计算机，适用于物联网、嵌入式系统和创客项目。BeagleBone 采用了 ARM 处理器架构，具有较强的计算能力和丰富的外设接口。它包括多个型号和系列，如 BeagleBone Black、BeagleBone Blue 和 BeagleBone Green 等，每个型号针对不同的应用需求和功能特性进行了优化。BeagleBone 平台拥有丰富的外设接口，包括数字输入输出引脚、模拟输入输出引脚、通用串行总线（UART、SPI、I2C）、以太网接口、USB 接口等。这些接口使得开发者能够连接各种传感器、执行器和外部设备，实现丰富的功能和交互性。

BeagleBone 的操作系统基于 Linux，用户可以通过 SD 卡或闪存加载操作系统，并进行软件开发和编程。它支持多种开发工具和编程语言，如 Python、C/C++、Node.js 等，方便开发者根据项目需求选择合适的工具和语言进行开发。

BeagleBone 平台具有开放的设计，开发者可以获取其电路图和相关文档，以进行二次开发和定制。此外，BeagleBoard.org 社区活跃，提供了大量的示例代码、文档和论坛支持，开发者可以在社区中分享经验、解决问题，并与其他开发者进行交流。BeagleBone 开发板如图 5-11 所示。

图 5-11　BeagleBone 开发板

5.3.2　BeagleBone 应用案例——基于 BeagleBone 颜色识别的糖果分拣系统

基于颜色的物体排序在水果和糖果等行业中具有广泛的应用。本系统提出了一种通过图像处理来检测颜色并对物品进行分拣的机制。一旦识别出颜色，系统通过摄像头和电子电路进行处理，将糖果有序地分配到特定的分拣篮或筐中。我们在这里使用 BeagleBone 连接控制电路，同时配备 3 个分拣篮的分拣机制来演示这一技术。控制电路包含摄像头，用于检测放置在其前方的小物体的颜色。电机驱动物体进入摄像头腔，并在检测到颜色后，通过信号激活分拣机构。分拣机构使用电机将分拣管道定位到相应的部分。随后，进料器用于将物体推向篮子，实现物品的分类，然后进料器拉动下一个物体。操作详细信息发送到 IoT 服务器，用于跟踪每个部分已经排序的物体数量。

图 5-12 基于 BeagleBone 颜色识别的糖果分拣系统

这个基于颜色的物体排序系统的电路包含以下主要组件。

摄像头：用于拍摄前方小物体的图像，并将图像传送给树莓派进行处理。摄像头可以是 USB 摄像头或者树莓派专用摄像头模块。

BeagleBone：BeagleBone 是系统的核心控制单元。它负责接收来自摄像头的图像，并进行图像处理以检测物体的颜色。根据颜色检测结果，树莓派向控制电路发送信号，控制物体的分拣。

控制电路：控制电路包含电机驱动器和各种传感器。它与树莓派连接，接收来自树莓派的信号，并根据信号控制电机和执行器的运行。电机驱动器用于驱动进料器和分拣管道的运行。

电机：使用电机来驱动进料器和分拣管道。进料器将待排序物体推送到摄像头腔中，而分拣管道将物体导向相应的垃圾篮或筐中，以实现物体的有序分类。

传感器：可能会使用一些传感器来辅助控制，例如用于检测进料器位置的限位开关、用于检测分拣管道位置的位置传感器等。

整个电路通过树莓派来实现物体的颜色检测和控制信号的生成，进而驱动电机和执行器进行物体的有序分类。同时，通过 iotgecko 平台将操作详细信息传送到 IoT 服务器，以实现物体数量的跟踪和记录。整个电路构成了一个完全自动化的基于 IoT 的物体排序系统。

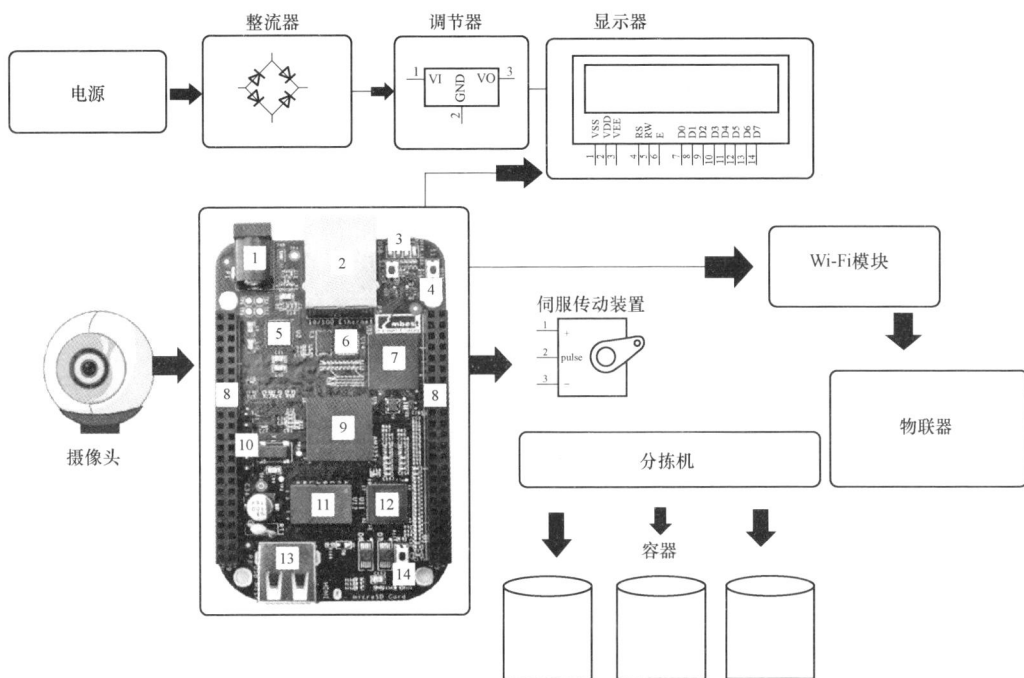

图 5-13　基于 BeagleBone 颜色识别的糖果分拣系统原理图

5.4　NVIDIA Jetson 系列

5.4.1　NVIDIA Jetson 简介

NVIDIA Jetson 系列是 NVIDIA 推出的一系列高性能嵌入式计算平台，专为人工智能和机器学习应用而设计。该系列包括多个型号，如 Jetson Nano、Jetson Xavier NX 和 Jetson AGX Xavier 等。在 NVIDIA Jetson 系列中，Jetson Nano、Jetson Xavier NX 和 Jetson AGX Xavier 是其中最常用的几个型号。

Jetson Nano 是一款入门级的嵌入式计算平台，具备强大的计算能力和低功耗特性。它适用于初学者和学生进行人工智能和机器学习的实验和开发。Jetson Nano 在教育领域和个人项目中得到广泛应用。

Jetson Xavier NX 是一款中高端的嵌入式计算平台，提供了强大的计算和图形处理能力。它适用于需要更高性能和更复杂任务处理的应用场景，如智能摄像头、机器人、自动驾驶和边缘计算设备等。

图 5-14　Jetson Nano 开发版　　　　　　图 5-15　Jetson Nano 开发版

Jetson AGX Xavier 是 NVIDIA Jetson 系列中的旗舰型号，具备极强的计算能力和深度学习推理性能。它适用于高度复杂的人工智能应用，如自动驾驶、工业自动化和智能机器人等领域。Jetson AGX Xavier 在需要处理大规模数据和复杂任务的高端应用中得到广泛应用。

图 5-16　Jetson AGX Xavier 开发版

这 3 款 Jetson 系列的平台具备不同的性能和功能，可以根据具体的应用需求选择适合的型号。Jetson Nano 适合入门级应用和学习，Jetson Xavier NX 适用于中高端应用，而 Jetson AGX Xavier 则是用于高端和复杂的人工智能应用。无论是学习、实验还是商业项目，这些平台都为开发人员提供了丰富的功能和强大的计算能力。

NVIDIA Jetson 平台基于 NVIDIA 的 GPU 技术，具备强大的并行计算能力和高效能耗比，适用于处理复杂的计算任务和大规模的数据处理。这些平台采用了先进的深度学习加速器和图形处理单元（GPU），可实现快速的神经网络推理和计算。

这些嵌入式计算平台提供丰富的外设接口和高度集成的功能，例如高清视频输入输出、多种传感器接口、网络连接和存储扩展。这使得 Jetson 系列成为开发人员在人工智能领域进行实时感知、分析和决策的理想选择。

Jetson 平台支持多种开发工具和框架，如 NVIDIA 的 CUDA 和 TensorRT，以及常见的深度学习框架，如 TensorFlow、PyTorch 和 Caffe。这些工具和框架使开发人员能够轻松构建和部署高性能的人工智能应用，如图像识别、目标检测、自动驾驶和智能机器人等。

由于其强大的计算能力和丰富的功能，NVIDIA Jetson 系列在人工智能、机器视觉和自动驾驶等领域得到了广泛应用。无人机、机器人、边缘计算设备、智能相机等都可以利用 Jetson 平台来实现高性能的计算和智能决策。

综上所述，NVIDIA Jetson 系列提供了高性能、低功耗的嵌入式计算平台，为人工智能和机器学习应用提供了强大的计算和推理能力。其灵活性和丰富的功能使开发人员能够创造出更智能、更强大的设备和应用。

5.4.2　Jetson NANO 应用案例——无人机在黑暗场景中的定位飞行[60]

近年来，无人机系统能力不断提升，在灾害监测、物流配送、交通疏导等民用和军事领域崭露头角，应用前景尤为广阔。针对城市建筑群、森林、室内弱 GPS 等环境下的应用需求，深入研究无 GPS 依赖的无人机定位方法，是无人机自主能力的重要体现。

本案例由阿木实验室提供。阿木实验室是一家国内专业从事科研无人机系统开发平台的研发、生产及配套技术咨询服务的企业。其基于 NVIDIA Jetson 系列高性能系统，为客户提供强大的视觉及人工智能神经网络处理能力。同时，阿木实验室品牌下，还覆盖无人车/无人船等无人系统配件。产品技术开发团队由加拿大知名高校的博士团队领衔，涵盖视觉感知、激光雷达、SLAM、导航融合等多方面的专业知识团队，为客户带来最前沿的高科技知识及其落地产品。

阿木实验室提交的案例设计灵感来自 7 年前一部电影《普罗米修斯》。电影中，探险开拓者在异星未知环境中，通过掌用无人机实时构建未知环境的 3 维地图场景。为了实现这一科幻场景，阿木实验室经过 7 年的研究，目前已经可以实现二维激光雷达的室内外地图构建和定位，为在没有 GPS 情况下的定位飞行，做出了一些探索。

在本案例中，无人机搭载 Jetson NANO 板载计算机作为主要计算核心，可提供 472 GFLOP 的计算能力，用于快速运行现代 AI 算法。通过处理双目相机数据，使得无人机可以在无 GPS 纯黑暗强干扰复杂环境下实现精准定位绘图的效果。该套系统无视各种苛刻条件，让无人机能够深入洞穴、管道、地下室等类似环境中稳定飞行完成任务，并能绘制地图进行场景三维地图重建。

无人机搭载 Jetson NANO 和双目相机实现黑暗无 GPS 环境中的定位，在业内是很少见的。阿木实验室将 Ubuntu 18.04 ROS、T265、PX4、RPLIDAR、CartographerROS 以及编译适配 Intel RealSense 全部结合，使无人机的性能和功能都达到了一定的高度。

图 5-17 Jetson NANO 无人机

5.5 BBC Micro:bit

5.5.1 BBC Micro:bit 简介

BBC Micro:bit 是由英国广播公司（BBC）联合多个合作伙伴开发的一款教育用微控制器。它于 2015 年发布，旨在推广计算机编程教育，并激发学生对科学、技术、工程和数学（STEM）领域的兴趣。

BBC Micro:bit 是一块小型的微控制器开发板，尺寸仅为 4 cm×5 cm，但功能十分强大。它搭载了一颗 ARM Cortex-M0 处理器，拥有多个输入输出引脚（GPIO）和传感器，包括加速度计、磁力计和温度传感器等。此外，它还内置了蓝牙无线通信模块，可以与其他设备进行通信和连接。

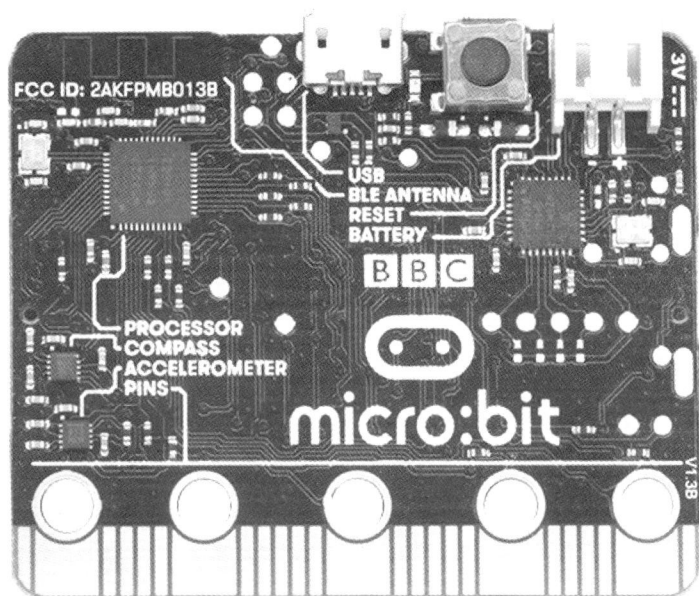

图 5-18　Micro:bit 开发版

BBC Micro:bit 具有简单易用的编程界面，支持多种编程语言，包括 JavaScript、Python、Block Editor 等。学生可以通过编程来控制板载的 LED 矩阵、传感器和其他外部设备，实现各种有趣的交互和实验。它还可以与其他 BBC Micro:bit 进行通信，实现团队合作和互动。

BBC Micro:bit 广泛用于学校和教育机构中，作为计算机编程教育的工具。它的简单易用性和丰富的功能使得学生可以轻松地学习编程和电子技术，并且激发了他们对科学和技术的兴趣。除了教育用途，BBC Micro:bit 也可以用于各种创意和 DIY 项目，如制作小型游戏机、智能设备等，是一个多功能的微控制器开发板。

5.5.2　BBC Micro:bit 案例——基于 Micro:bit 的纸制钢琴[61]

基于 Micro:bit 的纸制钢琴是一个创意性的项目，利用 Micro:bit 开发板、纸片和锡箔条构建一个可以演奏音乐的简单钢琴模拟装置。其原理是基于电容触摸感应技术。

在纸制钢琴中，纸片和锡箔条构成钢琴的按键。每个按键下方粘贴有一条锡箔条，当手指触摸按键时，手指与锡箔条之间形成了一个微小的电容。当手指触摸按键时，会改变锡箔条与坏境之间的电容值，从而导致 Micro:bit 测量到不同的电压。

Micro:bit 开发板作为控制核心，负责读取电容值并控制音乐发声。纸片用于制作钢琴的按键。锡箔条作为电容传感器，连接到每个纸片的底部。导线用于将锡箔条连接到 Micro:bit 的数字输入引脚。计算机和 Micro:bit 连接电缆用于将程序上传到 Micro:bit。

基于 Micro:bit 的纸制钢琴的效果取决于编程和制作的质量。通常情况下，这个项目可以实现简单的音乐演奏，而且非常有趣。当手指轻触纸键时，Micro:bit 会感知到电容变化，并根据设定的音符和音效发出相应的声音。由于它是一个简单的 DIY 项目，所以不像专业音乐键盘那样拥有复杂的音色和音效，但对于初学者和爱好者来说，这是一个很好的学习和娱乐工具。

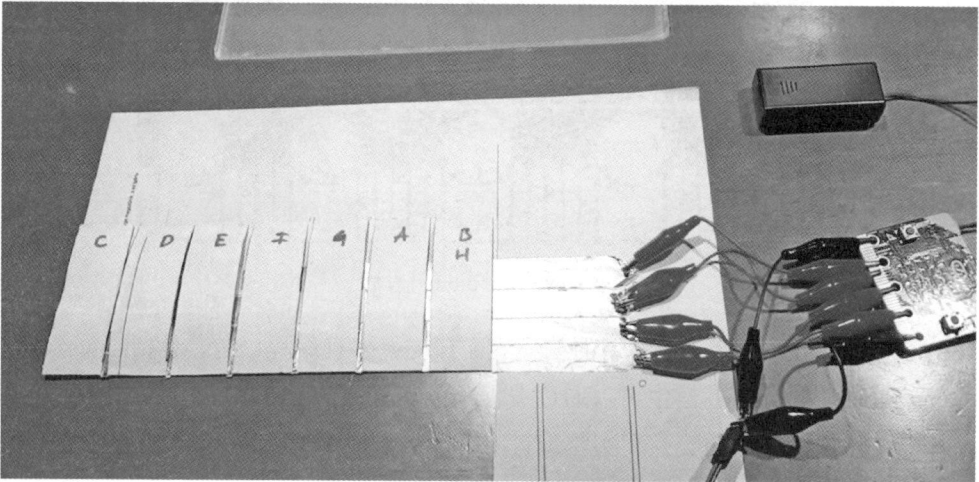

图 5-19　基于 Micro:bit 的纸制钢琴

5.6　Teensy

5.6.1　Teensy 简介

Teensy 是一款由 PJRC（Paul Stoffregen 的公司）推出的开源硬件平台，旨在提供高性能的微控制器板，特别适用于低延迟和实时控制应用。Teensy 的设计灵感来自 Arduino，但相比 Arduino，Teensy 具有更强大的处理能力和更丰富的外设接口。Teensy 搭载了一颗 32 位的 ARM Cortex-M 系列微控制器，其时钟频率较高，可以达到 100 MHz 或更高。这使得 Teensy 在处理复杂的计算任务和实时应用时表现出色。

Teensy 板上具有丰富的输入输出引脚（GPIO），以及多种通信接口，如 UART、SPI、I2C 等，使其能够与其他设备进行通信和连接。此外，Teensy 还具有模拟输入输出（analog I/O）和 PWM（脉宽调制）功能，适用于各种传感器和执行器的控制。

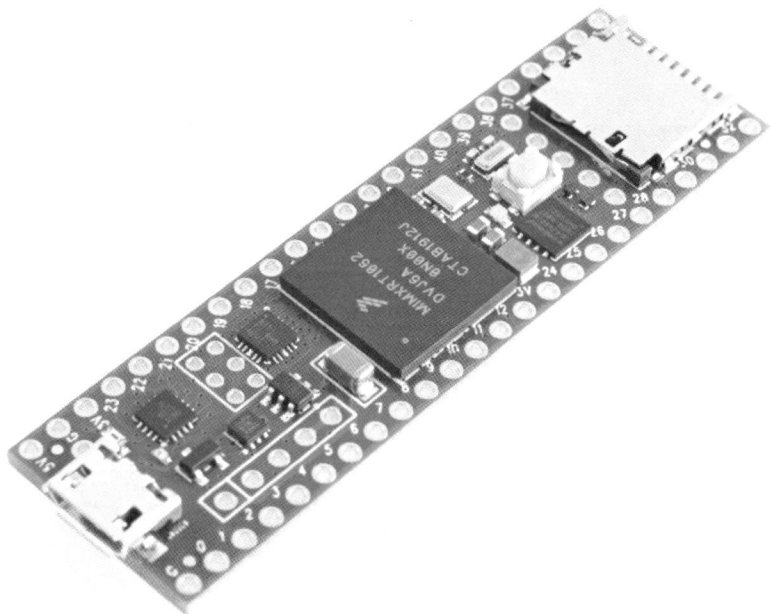

图 5-20　Teensy 4.1 开发板

Teensy 支持多种编程语言，包括 Arduino IDE 和 Teensyduino 软件开发环境。使用 Arduino IDE 可以编写简单的 C/C++ 代码，而 Teensyduino 可以扩展更多的功能和库函数，以实现更复杂的应用。

由于其高性能、低延迟和丰富的功能，Teensy 被广泛应用于音频处理、电子乐器、控制器、机器人、3D 打印、自动化等领域。它可以满足对实时性要求较高的项目需求，并且在 DIY 社区中拥有很高的声誉。

Teensy 不仅是一款功能强大的硬件平台，而且是一个开源项目，用户可以自由地查看和修改其设计和代码。PJRC 也提供了丰富的文档和社区支持，帮助用户更好地了解和使用 Teensy。

5.6.2　Teensy 案例——基于 Teensy 开发板的电子鼓[62]

基于 Teensy 开发板的电子鼓是通过 Teensy 开发板读取存储在 SD 卡或其他存储设备上的鼓声样本，并通过 DAC（数模转换器）将样本转换为模拟音频信号。这些音频信号可以连接到扬声器或耳机输出，从而播放鼓声样本。通常，该系统使用电子鼓或鼓垫上的传感器来触发样本的播放，比如击打鼓垫上的传感器会触发相应的鼓声样本。

Teensy 开发板作为主控制单元，处理鼓声样本的读取和播放。存储设备（如 SD 卡）用于存储鼓声样本，Teensy 通过读取存储设备上的样本来播放音频。DAC（数模转换器）将数字音频信号转换为模拟音频信号，以便连接到扬声器或耳机输出。电子鼓传感器用于检测击打或敲打动作，并触发相应的鼓声样本。扬声器或耳机用于听取播放的鼓声样本。

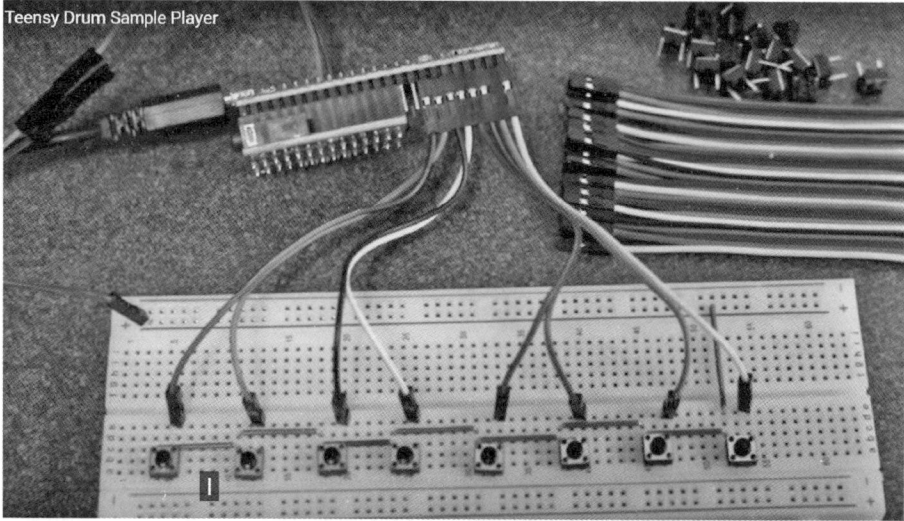

图 5-21　基于 Teensy 开发板的电子鼓

基于 Teensy 开发板的电子鼓在处理速度和音频质量方面表现出色，能够实现低延迟的鼓声样本播放。它具有较高的音频处理能力，可以实现逼真的鼓声模拟。该系统可以灵活配置和定制，用户可以根据自己的需求添加不同类型的鼓声样本，并通过编程实现多种效果，如声音变调、重复和混响等。由于 Teensy 开发板的强大性能，它也可以同时处理多个音频通道，从而实现更复杂的多音轨鼓声播放。

5.7　高校创客教育中开源硬件的选型

5.7.1　常用开源硬件特点和应用场景

选择适合的开源硬件取决于项目的需求和要求。以下是这些开源硬件的一些特点和应用场景。

（1）Arduino：适用于初学者和简单的电子项目。它有一个简单的编程界面和丰富的社区支持，适用于学习、教育和小型原型设计。

（2）Raspberry Pi：适用于复杂的计算任务和嵌入式系统项目。它是一款完整的单板计算机，拥有强大的处理能力和多种接口，适用于物联网、智能家居、媒体中心等项目。

（3）ESP32：适用于物联网和嵌入式系统项目。它具有集成的 Wi-Fi 和蓝牙功能，适用于连接到互联网的设备，如智能家居、传感器节点等。

（4）STM32：适用于高性能嵌入式系统和实时应用。它具有强大的处理能力和丰富的外设接口，适用于工业控制、汽车电子、机器人等项目。

（5）BeagleBone：适用于较为复杂的项目，具有较强的计算和通信能力。它支持多核处理器和多种接口，适用于嵌入式计算、物联网网关等项目。

（6）Jetson NANO：适用于人工智能和深度学习应用。它配备了强大的 GPU 和 AI 加速器，适用于图像处理、机器学习等项目。

（7）BBC micro：bit：适用于学校教育和初学者。它是一款小型的教育用微控制器，适用于学习编程和电子技术。

（8）Teensy：适用于低延迟和实时控制项目。它具有快速的时钟频率和丰富的外设接口，适用于音频处理、电子乐器等项目。

在选择开源硬件时，您需要考虑项目的复杂度、性能需求、通信接口、社区支持和编程难度等因素。同时，还要考虑硬件的可用性和成本，确保能够满足项目的预算和时间要求。最好根据项目的具体需求和您的技术水平来选择最适合的开源硬件。

5.7.2　开源硬件选型方法

当选择适合的开源硬件时，可以考虑以下因素。

（1）项目需求：首先确定项目的具体需求和目标。考虑项目的复杂性、功能要求、性能需求、通信接口以及是否需要支持特定的传感器或外设等。

（2）处理能力：根据项目的计算要求，选择具备足够处理能力的硬件。例如，对于复杂的计算任务和图像处理，可以选择 Raspberry Pi 或 Jetson NANO 等强大的计算平台。

（3）特殊功能：有些开源硬件具有特殊的功能，例如 ESP32 的集成 Wi-Fi 和蓝牙，适用于物联网应用。因此，根据项目是否需要特定功能，选择对应的硬件平台。

（4）社区支持：查看相应硬件的社区支持情况，例如论坛、文档、教程等。一个活跃的社区可以提供帮助和解决问题的支持，特别是对于初学者来说非常重要。

（5）编程环境：了解硬件支持的编程语言和开发环境，确保您对这些编程语言和工具有所了解，从而能够顺利进行开发。

（6）资源可用性：确保选择的硬件有足够的资源供应，例如开发板、传感器、扩展模块等。有时候一些特定型号的硬件可能会比较难找到或供应不足。

（7）成本：考虑硬件的成本是否在预算范围内。一些高性能的硬件可能价格较高，而一些简单的开源硬件则可能价格更为亲民。

（8）兼容性：如果您计划使用其他扩展模块或传感器，确保所选硬件与这些模块的兼容性。

（9）编程难度：了解所选硬件的编程难度。有些硬件可能比较简单易用，适合初学者，而有些可能需要更多的技术知识和经验。

最终的选择应该是综合考虑以上因素，并根据项目的需求和您自己的技术水平做出决定。初学者可以选择一些简单易用的开源硬件，如 Arduino 或 BBC Micro:bit。如果有较多的经验和技术知识，并且项目需求较复杂，那么可以考虑使用一些功能强大的开源硬件，如 Raspberry Pi、Jetson NANO、BeagleBone Black 或 STM32 等。

第6章 高校开源硬件创客教育应用实践
——以浙江农林大学暨阳学院为例

浙江农林大学暨阳学院充分利用 Arduino、Raspberry Pi 等开源硬件平台，开展大学生创客教育。以学科竞赛项目为依托，精心设计创客教学内容和项目，并提供完备的实验室设施和资源，学生积极参与实践并完成各种创客项目，得到了丰富的创新思维和动手能力，竞赛成绩丰硕，促进了创客教育在校园中的推广和应用。

6.1 浙江农林大学暨阳学院创客教育概述

6.1.1 学院创新创业教育概况

浙江农林大学暨阳学院非常重视创新创业教育，成立了创新创业学院——陶朱商学院，2018 年被认定为省级众创空间，2019 年获批为省级星创天地，2019 年获批绍兴市大学生创业园。创新创业学院旨在培养学生的创新思维和创业能力，为他们提供丰富的创新创业资源和支持。学院通过举办创业街等活动，为学生提供一个创新创业的平台，鼓励他们积极参与创业实践和创新项目的开发。以产业转型升级对创新创业人才素质的要求为导向，以培养符合学院人才培养定位的应用型创业人才和扩大学院社会服务实效为目标，致力于将社会服务、创业教育、创业实践打造成一个协同共享的育人体系。

学院内设立"师生创业一条街""师生创新创业工作室"等创业实践基地，为学生搭建一个集创业孵化、创意展示和交流的场所。创新创业平台提供了一个真实的商业环境，让学生能够实践创业理念和创造力。学生可以借助创业街的资源和支持，开展自己的创业项目，与导师和企业家进行交流和合作，获取实践经验和创业指导。实践基地现有面积 2 343 平方米，工位 280 余个，聘请专兼职创业导师 30 名，制定了大学生科技创新活动管理办法和创业团队管理办法，设立创业基金，鼓励师生从事创业活动。2019 年以来，新立项创业团队 11 支，其中"微校暨阳""出岫""蓝芯 TV""授人以渔"等创业团队在社会上引起广泛关注。学院"微校暨阳"创业团队，被中央电视台新闻频道"新闻直播间"栏目滚动宣传报道，"出岫"草木印染接受浙江卫视采访；"授人以渔"公益助农计划项目受到新华社采访，点击浏览量突破 130 万。学院还经常性开展以"创客面对面""创业风采路"为主的创业品牌活动，努力培养学生的创新创业精神和意识。2019 年以来，累计开展学生创业培训 400 余人，开展创业活动 10 期，服务学生 2 400 余人。2020 年年初，学院初步构建了以创业思维和技能训练为核心的"三实三段"全程训练的创业教育模式，坚持"早介入、重实训、不间断"的原则，设立创业管理、创业基础Ⅳ等创业课程，覆盖学生 1 500 余人，确保全年级覆盖、全过程培养。

除了搭建平台之外，浙江农林大学暨阳学院还积极制定了一系列制度和办法，支持和规范学生的创新创业活动。这些制度建设包括大学生科研训练计划项目管理办法、学科竞赛管理办法、素质拓展学分认定办法、综合测评办法和素质奖励办法等。这些制度不仅为学生的创新创业提供了明确的指导和评价标准，还为他们提供了相应的奖励和认可机制，激励他们积极参与创新创业活动，提升自身的能力和竞争力。

通过创新创业学院、创业街和制度建设，浙江农林大学暨阳学院致力于打造一个促进学生创新创业的生态系统。这些举措为学生提供了切实的支持和机会，鼓励他们在创新创业领域发展自己的潜力，并为未来的职业发展做好准备。同时，这些举措也推动了学院创新创业教育的发展，提高了学生的综合素质和社会责任感，为学院的整体发展注入了新的活力和动力。

6.1.2　开源硬件在学院创客教育中的应用

浙江农林大学暨阳学院充分发挥省级众创空间和星创天地等创新创业平台的作用，依托学科竞赛和大学生科研训练计划项目，积极推进开源硬件创客教育的开展。同时，以创客协会等学生社团为载体，开展一系列的创客活动。

学院借助省级众创空间和星创天地等创新创业平台的资源优势，为学生提供了丰富的硬件设备和工具支持。在机电创新实验室、电子创新实验室等配了先进的电子制作设备、3D 打印机等创客工具，为学生提供了大量的 Arduino 开发版、树莓派、OpenMV 等元器件。学生可以在这些平台上利用这些元器件自主设计和制作开源硬件项目，将理论知识转化为实际应用，培养创造力和实践能力。

学院充分利用学科竞赛和大学生科研训练计划项目，激发学生的创新潜能和研究兴趣。学科竞赛为学生提供了展示和锻炼自己技能的舞台，学生可以参与开源硬件项目的设计和制作，提升专业知识和实践能力，创客教育相关科技竞赛如表 6-1 所示。大学生科研训练计划项目则鼓励学生进行独立的创新性研究，深入探索开源硬件领域的前沿问题，培养科研思维和解决实际问题的能力。

表 6-1　创客教育相关科技竞赛

序号	赛项名称
1	浙江省国际"互联网+"大学生创新创业大赛
2	浙江省"挑战杯"大学生课外学术科技作品竞赛
3	浙江省大学生结构设计竞赛
4	浙江省大学生程序设计竞赛
5	浙江省大学生工程实践与创新能力大赛
6	浙江省大学生机械设计竞赛
7	浙江省大学生电子设计竞赛
8	浙江省大学生智能汽车竞赛
9	浙江省大学生力学竞赛
10	浙江省大学生机器人竞赛
11	浙江省大学生物理实验与科技创新竞赛
12	浙江省大学生智能机器人创意竞赛

6.2　以学生为中心的创客教育教学体系建设及成效

创客教育教学体系的核心理念是将学生置于学习的中心地位，鼓励他们主动参与实践和创新的过程。在创客教育中，学生不再是被动接受知识的对象，而是积极参与到项目设计、制作和改进的全过程中。通过自主探索和实践，学生能够更深入地理解和应用所学的知识，培养创新思维和解决问题的能力。

6.2.1　创客教育教学模式

创客教育教学体系注重实践环节的设置，通过学生自主设计和制作创客项目，将理论知识转化为实际的解决方案。这种实践性学习有助于激发学生的学习兴趣和动力，培养他们的实践能力和创造力。同时，创客教育强调学生之间的合作和交流，鼓励团队合作和协作，培养学生的团队合作精神和沟通能力。

创客教育教学体系倡导跨学科融合，将不同学科的知识和技能融入到创客项目中。学生需要运用科学、技术、工程、艺术和数学等多学科的知识，解决复杂的实际问题。这种跨学科的学习有助于培养学生的综合素质和综合思维能力。

在创客教育教学体系中，教师的角色也发生了转变。教师不再是传统的知识灌输者，而是学生的指导者和合作伙伴。教师鼓励学生自主探索和学习，提供必要的指导和支持，激发学生的创造力和独立思考能力。清华附中科技办公室负责人邱楠老师表示："我觉得创客学生的培养，需要体系化的课程设计，这是全方位、跨学科的事情。而不是简简单单一门课，或者几门选修课就能解决的问题。这是一个完整培养体系的事情。"[63]

6.2.2 创新创业实践类课程

通过设计创新课程，鼓励学生自主探索、创新创造，从而让学生在实践中提高创新创业能力。学院通过开设公选课的形式开设了形形色色的创客课程。

《创客导论》：介绍创客教育的概念、原则和方法，引导学生了解创客文化和创新创业的基本知识。

《创意设计与创新》：培养学生的创意思维和创新能力，通过案例分析和实践活动，帮助学生学会如何产生和发展创新创意。

《开源硬件基础》：介绍常见的开源硬件平台，如 Arduino 和树莓派，讲解其基本原理、使用方法和应用案例。

《电子制作与嵌入式系统》：学习电子元器件的基本知识，了解电路设计和嵌入式系统的原理与实践，通过实际搭建电子电路和编程，实现简单的嵌入式系统功能。

《3D 打印与快速原型制造技术》：学习 3D 打印技术的原理和应用，掌握 3D 建模和切片软件的使用，通过实践制作物品原型和快速验证创意。

《机器人技术与控制》：学习机器人的基本原理和控制方法，了解机器人的构造和编程，通过实践操控机器人完成任务。

《创客项目实践》：以团队合作的方式进行创客项目实践，学生根据自身兴趣和专业背景，选择并完成一个创客项目，包括项目规划、设计、制作、测试和展示。

6.2.3 创业孵化平台

暨阳学院致力于培养应用型人才，并为学生提供了丰富的创业孵化平台，包括创客空间和创新实验室。创客空间是一个开放的创新创业平台，配备了先进的设备和工具，如 3D 打印机、激光切割机、电子制作设备等。学生可以在创客空间中自由地进行创新实践和项目制作，将自己的创意转化为实际的产品和解决方案。创新实验室是一个专注于科技创新和研发的平台。学生可以在这里进行科研训练和创新项目的开展，探索前沿技术和解决实际问题。创新实验室配备了先进的实验设备和科研资源，为学生的科研工作提供有力支持。

暨阳学院在这些创业孵化平台中提供丰富的资源和机会，包括创新创业教育课程、创业导师指导、创业项目培育和创客活动等。学生可以通过参与创客空间的实践、创客实验室的培训和创新实验室的研究，培养创新思维、实践能力和团队合作精神。

6.2.4　大学生科技竞赛

学科竞赛为创客教育提供了一个特别的舞台。学科竞赛激发学生的创新创造力，为他们提供展示和发挥创新潜能的平台。学生通过设计和制作创新项目来解决问题，培养了他们的创新能力。竞赛要求学生将理论知识转化为实际应用，并进行实践操作，提高他们的实践能力和技能应用能力。学科竞赛还培养了学生的团队合作与沟通能力，通过团队合作完成项目，学生学会在集体中发挥个人优势，实现团队的协同创作。同时，学科竞赛培养了学生解决问题的能力，包括问题识别、分析思考、创造性思维和决策能力。参与学科竞赛的过程中，学生不断克服困难和挑战，提升了他们的自信心和自我管理能力。综上所述，学科竞赛为创客教育提供了一个有挑战性和实践性的平台，激发学生的创新潜能，培养他们的实践能力、团队合作精神和解决问题的能力，为他们的创新创业之路打下坚实基础。

2019 年以来，多项学科竞赛获奖处于省内同类院校前列，获省级三等奖及以上奖项 50 项，其中一等奖 15 项，如表 6-2 所示。

表 6-2　2019—2023 年度学科竞赛奖项一览表

序号	项目名称	奖项等级	获奖学生	指导老师	年份
1	浙江省大学生工程综合能力竞赛	一等奖	郭云樟、甫尧锴、陈贤辉	何洋、颜国华	2019
2	浙江省大学生工程综合能力竞赛	二等奖	陈华青、尹宇杰、任小钊	何洋、颜国华	2019
3	浙江省大学生工程综合能力竞赛	二等奖	洪佳涛、刘子杭、陈涛	何洋、颜国华	2019

续表

序号	项目名称	奖项等级	获奖学生	指导老师	年份
4	浙江省大学生工程综合能力竞赛	三等奖	蒋宜廷、李锦波、施家兴	何洋、颜国华	2019
5	浙江省大学生电子设计竞赛	三等奖	王晨钰、姜维鸿、陈德港	蔺陆军、郑红平	2019
6	浙江省大学生电子设计竞赛	三等奖	陈华青、王芝书、林怡	蔺陆军、郑红平	2019
7	浙江省大学生机械设计竞赛	三等奖	陈友好、金圣桃、陈华青、蓝枭雄、陈贤辉	范兴铎、应伟军	2019
8	浙江省大学生物理科技创新竞赛	三等奖	陈华青、游贻飞、陈炫妮	何洋、孙怀君	2019
9	浙江省大学生物理科技创新竞赛	一等奖	施家兴、林益民、甫尧锴	孙怀君、何洋	2019
10	浙江省大学生电子设计竞赛	一等奖	张婷颖、陈禄丰、张自洁	蔺陆军、郑红平	2020
11	浙江省大学生电子设计竞赛	一等奖	陈贤辉、陈焕波、洪志杰	蔺陆军、周德全	2020
12	浙江省大学生电子设计竞赛	一等奖	施孙扬、乐建涛、管金晶	蔺陆军、郑红平	2020
13	浙江省大学生机械设计竞赛	二等奖	陈贤辉、洪佳涛、苏林峰、吴泳辰、李才玺	范兴铎、应伟军	2020
14	浙江省大学生物理科技创新竞赛	一等奖	甫尧锴、林芷齐、金沈妙、张雄、陈奕璋	孙怀君、何洋	2020
15	浙江省大学生物理科技创新竞赛	三等奖	陈涛、陈颖峰、冯伟康、朱建瑾、王元柯	孙怀君、何洋	2020
16	浙江省大学生物理科技创新竞赛	三等奖	洪佳涛、牛浠桀、贾治军、梅宇飞、柯晨晨	孙怀君、何洋	2020
17	浙江省大学生物理科技创新竞赛	三等奖	施孙扬、吴泳辰、冯雪媛、吴潇敏	何洋、孙怀君	2020
18	浙江省大学生电子设计竞赛	二等奖	吴潇敏、王炳、郑恒意	王钟、蔺陆军	2021
19	浙江省大学生电子设计竞赛	三等奖	赵锦岸江、蔡渠、王芷莹	王钟、蔺陆军	2021
20	浙江省大学生电子设计竞赛	三等奖	吴嘉豪、池嘉健、郑俊涛	王钟、蔺陆军	2021
21	浙江省大学生工程综合能力竞赛	一等奖	邵鹏程、甫尧锴、曾汉勇	何洋、颜国华	2021
22	浙江省大学生工程综合能力竞赛	二等奖	陈涛、陈翔炜、金俊杰	王晖、何洋	2021

续表

序号	项目名称	奖项等级	获奖学生	指导老师	年份
23	浙江省大学生工程综合能力竞赛	二等奖	周乐、卫迦涵、俞晨浩	何洋、赵华强	2021
24	浙江省大学生工程综合能力竞赛	三等奖	方嘉航、顾成龙、马超越	何洋、颜国华	2021
25	浙江省大学生工程综合能力竞赛	三等奖	洪佳涛、万彩玉、张吉祥	何洋、夏鲁锋	2021
26	浙江省挑战杯大学生课外学术科技作品竞赛	三等奖	甫尧锴、林芷齐、陈萍竹、毛瀚龙、艾毓灵、范杰、顾青青	何洋	2021
27	浙江省挑战杯大学生课外学术科技作品竞赛	三等奖	康钰婷、葛雨来、周余莎	范兴铎	2021
28	浙江省大学生物理科技创新竞赛	一等奖	陈涛、张吉祥、季怡澄、刘江、章宏祥	何洋、孙怀君	2021
29	浙江省大学生物理科技创新竞赛	二等奖	陈奕璋、黄坤、贺琳茜、艾毓灵	孙怀君、何洋	2021
30	浙江省大学生物理科技创新竞赛	二等奖	赵锦岸江、万彩玉、蔡渠、王芷莹、高飞鹏	孙怀君、何洋	2021
31	浙江省大学生物理科技创新竞赛	三等奖	韩家林、郑恒意、宋学年	何洋、孙怀君	2021
32	浙江省大学生物理科技创新竞赛	三等奖	陈杰、王嘉伟、黄若男、郭火炎、杨晓杰	何洋、孙怀君	2021
33	浙江省大学生电子设计竞赛	一等奖	赵锦岸江、刘强、汪雪玲	王钟、徐鹏	2022
34	浙江省大学生电子设计竞赛	一等奖	王芷莹、蔡渠、薛佳骏	王钟、徐鹏	2022
35	浙江省大学生工程综合能力竞赛	二等奖	蔡渠、薛佳骏、王芷莹	颜国华、何洋	2022
36	浙江省大学生工程综合能力竞赛	三等奖	王嘉豪、肖寅、黄子轩	刘海军、颜国华	2022
37	浙江省大学生机械设计竞赛	二等奖	江宇星、廖沈昌、祝佳鑫	范兴铎、邸雷	2022
38	浙江省大学生机械设计竞赛	三等奖	翁苗清、刘忠昌、刘星昂	范兴铎、应伟军	2022
39	浙江省大学生机械设计竞赛	三等奖	董宇恒、陈伟强、刘可东	范兴铎、刘海军	2022
40	浙江省大学生物理科技创新竞赛	二等奖	王嘉豪、肖寅、段子仪、宋欣茹、刘方洋	孙怀君、何洋	2022
41	浙江省大学生物理科技创新竞赛	三等奖	施皓文、宋国军、王瑜珩、卫海波、柯相昱、韩旺	彭樟林	2022

续表

序号	项目名称	奖项等级	获奖学生	指导老师	年份
42	浙江省大学生物理科技创新竞赛	二等奖	刘国峰、李林涛、王真、夏倩倩、王滇豪	孙怀君、何洋	2022
43	浙江省大学生物理科技创新竞赛	三等奖	王瑜珩、鲁保鲜、李苏霓、刘鹏飞、刘方洋	孙怀君、何洋	2022
44	浙江省大学生物理科技创新竞赛	三等奖	张育铭、韩家林、杨军、陈培峰、宣航彬	孙怀君、何洋	2022
45	浙江省大学生物理科技创新竞赛	三等奖	陈静、韩佳雨、黄辉烨、朱锐东、唐楚翔、林祺琦	何洋、孙怀君	2022
46	全国大学生结构设计竞赛	一等奖	刘可东、金怡婷、杨大嵩	吴新燕	2023
47	浙江省大学生工程实践与创新能力竞赛	一等奖	唐昌盛、金芮羽、施皓文、朱超琴	何洋、颜国华	2023
48	浙江省大学生工程实践与创新能力竞赛	三等奖	蔡渠、陈杰、郁国泰、戴卫珍	应伟军、何洋	2023
49	浙江省大学生工程实践与创新能力竞赛	三等奖	刘鹏飞、庄永煜、李林涛	何洋、颜国华	2023
50	浙江省大学生工程实践与创新能力竞赛	三等奖	王嘉豪、肖寅、刘国峰、郭一鑫	何洋、颜国华	2023

6.2.5　创客教育主题活动及讲座

高校定期举办创客教育主题的活动和讲座，如创新创业论坛、企业家沙龙、创客沙龙等。这些活动为学生提供了展示自己创意和项目的平台，同时也鼓励学生积极参与创新和创业实践。这样的活动不仅仅是为学生提供了展示的机会，更重要的是，它们是培养学生创新创业意识和前瞻性思维的有效途径。

在这些活动中，学生可以与来自不同领域的创业者、企业家、技术专家和行业领袖进行交流与对话，了解最新的科技发展和行业趋势。这种跨界交流拓展了学生的视野，让他们了解到创新和创业的多样性和复杂性，激发了他们尝试新想法和探索新领域的兴趣。

这些活动还促进了学生与企业、创投机构等社会资源的连接。学生可以通过这些活动结识潜在的合作伙伴、投资者和导师，为未来的创业和职业发展打下基础。同时，学校还可以与企业和创业团队建立合作关系，为学生提供实习、就业和项目合作的机会。

另外，这些创客教育活动也鼓励学生主动探索问题、解决挑战，并提高了他们的团队合作和领导能力。学生可以在项目中发挥创意，动手实践，培养解决问题的能力和创新思维，这对于他们未来的职业发展和社会贡献具有重要意义。

6.3　开源硬件实践项目案例分析

6.3.1　案例一：基于 Arduino 和树莓派的智能物流小车[①]

1. 项目背景和目标

根据智能制造的相关背景，竞赛要求自主设计并制作一种智能制造工程背景中的物流小车，小车应具有车间作业中的物料识别、搬运、码垛、避障等功能。比赛场地表面布置有黑色引导线连接、随机障碍等，构成完整的赛道。同时，赛道设置了小车的起点、上料区、随机障碍区、下料区和终点，如图 6-1 所示。

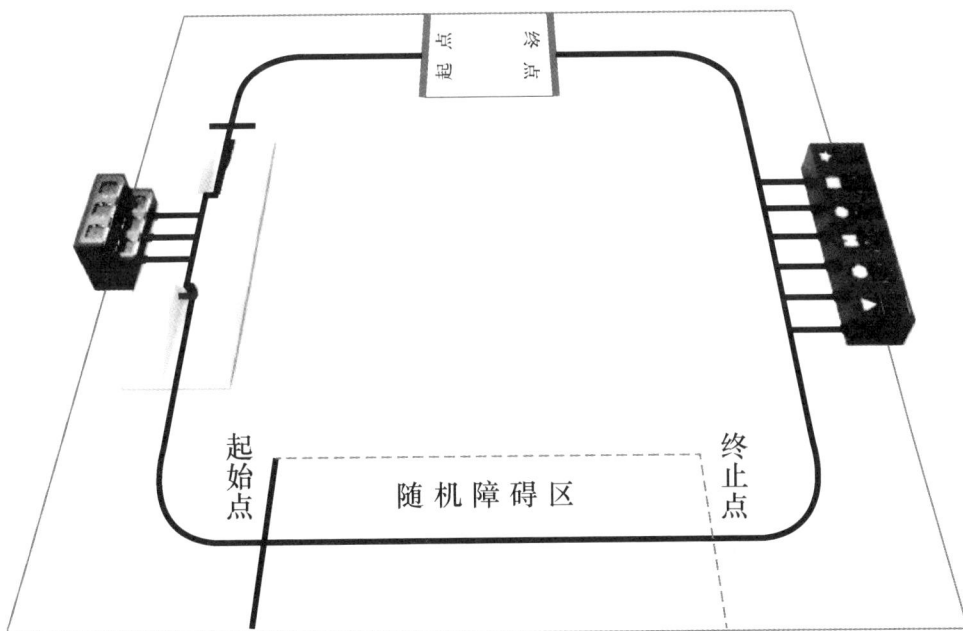

图 6-1　智能物流小车比赛地图

---

① 本项目为 2019 年浙江省大学生工程训练综合能力竞赛一等奖作品。

2. 总体功能模块

智能小车主要由循迹、定位模块，避障模块，语音模块，图像识别模块，物料取、放模块构成，可实现自主循迹、避障，语音播报提醒，物料图像识别，自动取放等功能。相关模块简述如下：

（1）循迹、定位模块：避障模块主要由两组七路循迹传感器检测，该传感器自带背光，抗外界光线干扰能力强，可根据不同场地，设置对应的识别精度，具有一定的场地适应性。车头搭载的第一组七路循迹传感器，进行场地行进路线的识别。车身右侧搭载的另一组七路传感器，进行区域识别、定位。主控板 Arduino mega2560 通过对循迹、定位模块的采样，感知路线、位置信息，控制小车按既定方案自动的行进、转向、停止。

（2）避障模块：避障模块采用 VL53L0X 激光测距传感器，是 STM 开发的一款精巧的非接触式测距传感器，它采用了无线测距技术，能够高精度地测量物体与传感器之间的距离。该传感器的小尺寸使其非常适合嵌入各种电子设备和项目中，它包含了激光发射器、接收器、光学元件和信号处理电路，无须用户自己构建这些组件。

（3）语音模块：采用 JQ8900-16P 语音模块，该模块集成了一个 16 位 MCU，以及一个专门针对音频解码的 ADSP，采用硬解码的方式，更加保证了系统的稳定性和音质。小巧的尺寸更加满足了嵌入式模块的要求。

（4）图像识别模块：采用树莓派 4B，该模块 CPU 搭载 64 位 1.5 GHz 四核，采用 Cortex A72 具有 15 指令流水线深度，在处理速度上比上一代快了 3 倍有余。软件采用 OpenCV3 图像处理模块，识别物体的几何形状，伴以颜色识别来提高对物体的识别。面对复杂的环境光线影响，通过缩小感兴趣区域，滤波，对所获取的图像加以处理，提高识别准确率。

（5）物料取、放模块：由机械臂及滑轨式物料仓组成。采用多自由度机械臂，体积小，抓取精度高，采用滑轨式物料仓，减少机械臂自由度需求，降低控制调试难度。物料仓采用 3D 打印技术，可以根据比赛所需抓取的物料调整物料框大小，以求达到物料限位的要求。

3. 系统结构设计

智能小车主要由循迹、定位模块，避障模块，语音模块，图像识别模块，物料取、放模块构成，可实现自主循迹、避障，语音播报提醒，物料图像识别，自动取、放等功能，如图 6-2 所示。

（1）底板结构设计

底盘整体分为上下两层结构，下层如图 6-3 所示。下层主要集中放置各个电路控制模块以及航模电池，上层放置的是载物台以及机械臂。上下两层由 4 根铜柱支撑，下底板通过电机支架安装 4 个电动机带动 4 个车轮运动。

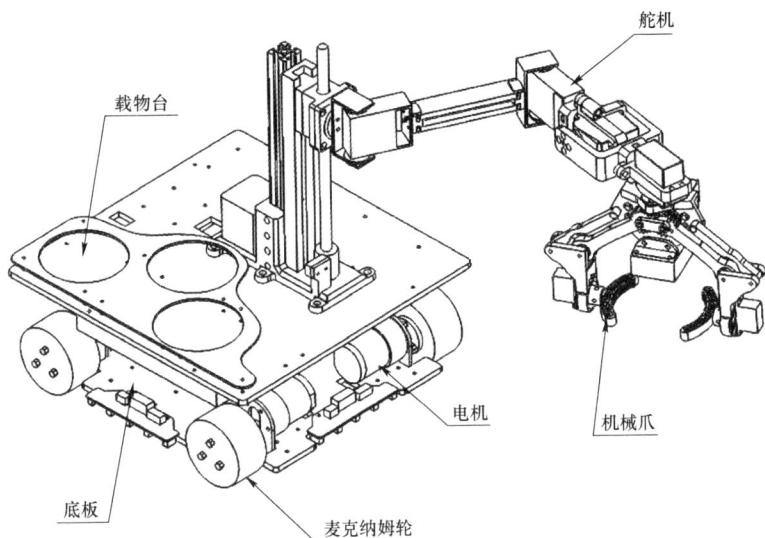

图 6-2　智能小车总体结构图

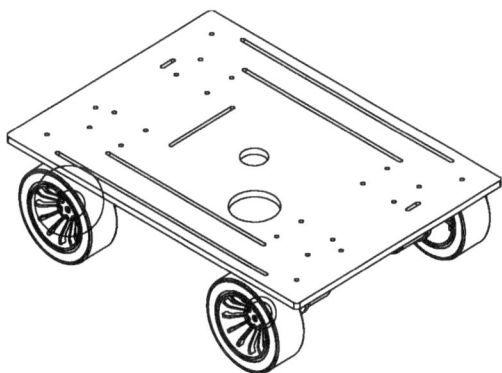

图 6-3　底板结构图

（2）机械臂结构设计

机械臂采用 6 自由度机械臂，由于机械臂关节多，赋予了机械臂灵活的动作，机械臂总体支架结构的长度恰到好处，配合载物台的滑动可以实现精准并快速地运行上下料功能，如图 6-4 所示。

（3）载物台结构设计

载物台采用滑轨式物料仓，由步进电机带动同步带，可以和机械臂的物料抓放联动进行，方便可靠。三个倒角式堆放盒设计，恰到好处的实现了三个物料的同时堆放，让上料和下料的抓取堆放过程更加便捷准确。其中载物台支撑架如图 6-5 所示。

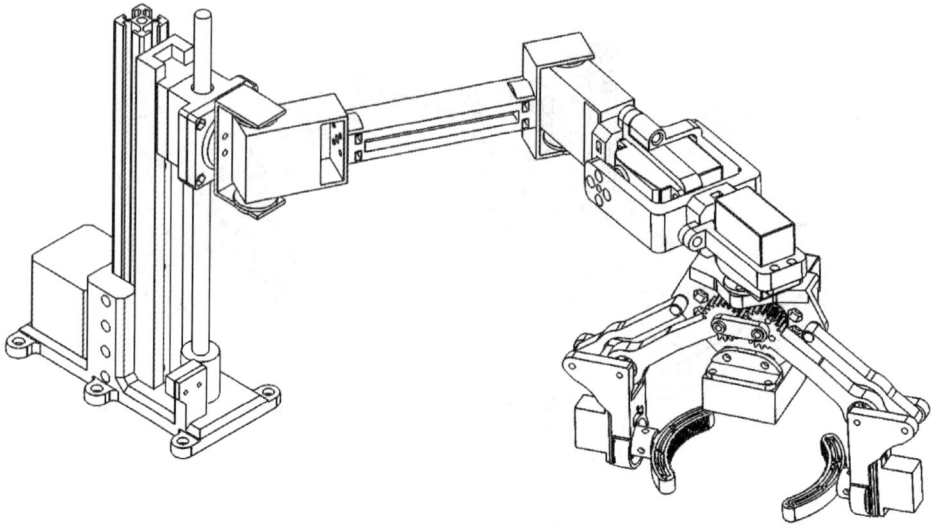

图 6-4 机械臂结构图

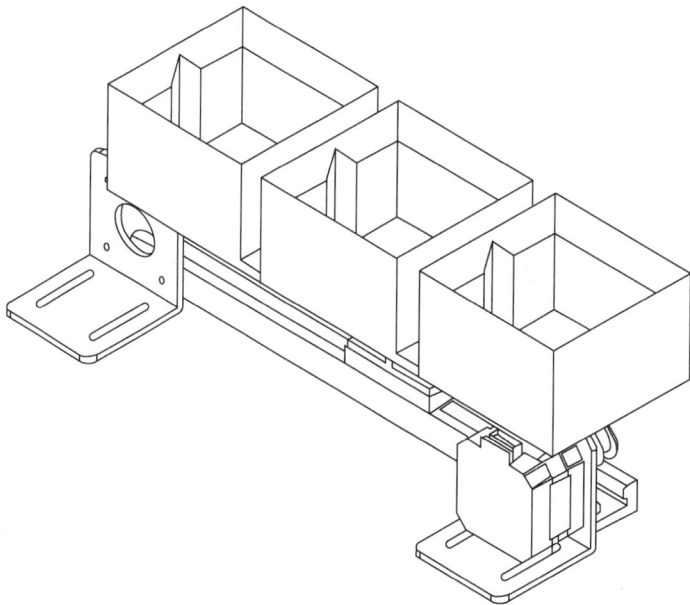

图 6-5 载物台结构图

（4）避障结构设计

采用单一固定的激光避障模块，直接固定在小车前部，该方式虽在应变能力上有所欠缺，但经过模拟各种可能会出现的障碍摆放方式，实测该方式足以应对各种情况，即使是栅栏障碍，也能够通过调节高度准确避障，且该避障程序简单，可以为其他工序节省时间。

4. 硬件电路设计

（1）控制系统总体设计

智能小车的主运行由 Arduino 控制，通过 TB6612 电机驱动器控制四个电动机的转动，前面通过 7 路灰度传感器进行巡线，右侧通过 7 路灰度传感器进行定位，通过激光测距传感器和超声波传感器进行避障控制。

机械臂运行通过舵机控制，利用 16 路舵机控制板控制舵机的运行。识别物块通过图像识别和颜色识别，在树莓派上（Arduino）通过 OpenCV 进行图像读取识别，判断物块的形状、大小及颜色。

控制系统框图如图 6-6 所示：

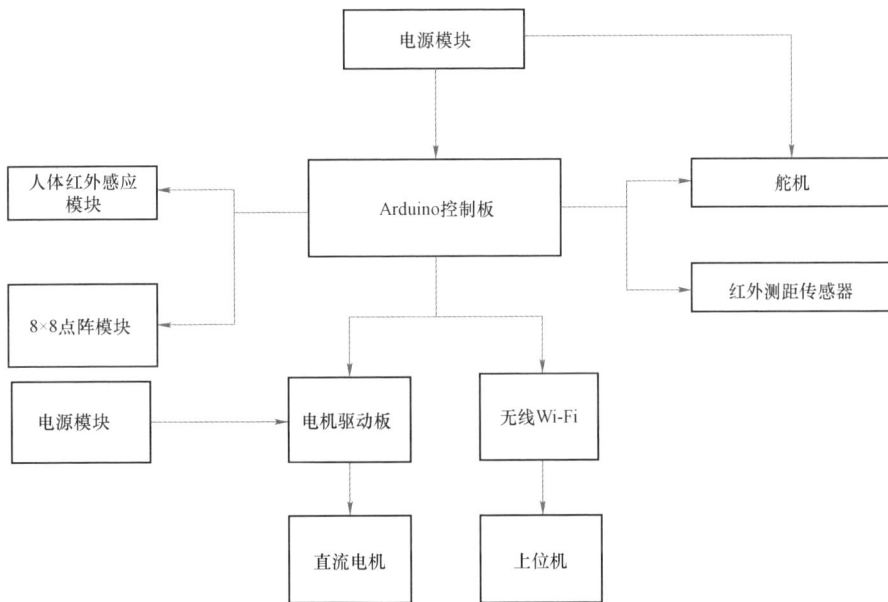

图 6-6　控制系统框图

（2）元器件选择及实施方案

1）主板：采用 Arduino Mega2560 主控板，如图 6-7 所示。该主板拥有 54 组数字 I/O 端口（其中 14 组可做 PWM 输出），16 组模拟输入端口，4 组 UART 通用异步收发传输器（Universal Asynchronous Receiver/Transmitter），使用 16 MHz crystal oscillator。端口数量充足，输出稳定，且可采取 USB 供电方式。

2）循迹：采用 2 组 7 路数字灰度传感器，如图 6-8 所示。该传感器的灵敏度较高，具有 LED 背光光源，抗干扰能力较强，能在环境光线复杂多变的情况下稳定工作。

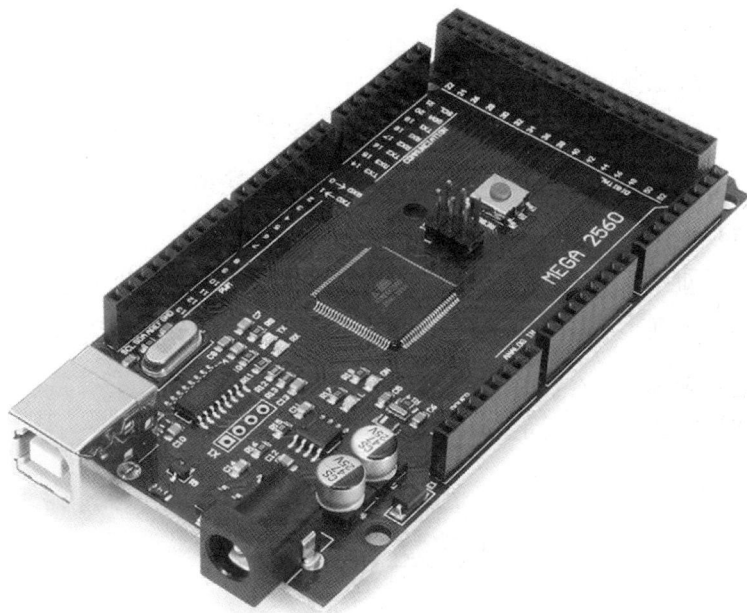

图 6-7　Arduino 2560

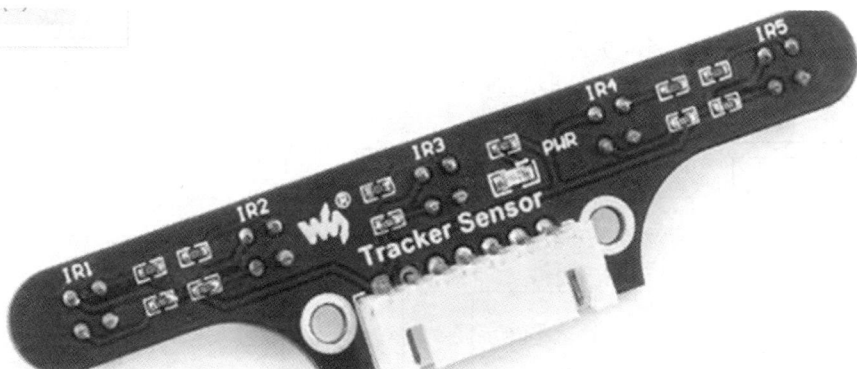

图 6-8　7 路数字灰度传感器

3）电机：直流减速电机，如图 6-9 所示。该电机具有优良的调速特性，调速平滑、方便。调整范围广，过载能力强，能承受频繁的冲击负载，可实现频繁的快速启动、制动和反转。

4）电机驱动：采用 TB6612 电机驱动模块，如图 6-10 所示。该模块相对于传统的 LN298 电机驱动模块效率上提高很多，体积上也大幅度减少，在额定范围内，芯片基本不发热。

5）机械臂：采用 2 mm 硬铝板，细沙亚光喷塑。通过多功能支架、长 U 支架、短 U 支架、L 型支架等连接。

图 6-9　直流电机

图 6-10　TB6612

6）避障：采用激光测距传感器，能够高精度地测量物体与传感器之间的距离。

7）稳压：由于电池的电压输出会随着电量、负载的改变，发生一个小范围的波动，因此选择了带数显的稳压模块。如图 6-11 所示。

图 6-11　稳压模块

8）颜色、图像识别：采用树莓派（Arduino）连接摄像头，对拍摄的物料进行识别，并通过串口与 Arduino mega2560 进行数据交互，完成颜色及图像的识别。树莓派（Arduino）4B 如图 6-12 所示。

图 6-12　树莓派

9）舵机：2 个 30 kg 舵机和 4 个 20 kg 舵机。舵机如图 6-13 所示。

图 6-13　舵机

10）语音模块：采用 JQ8900-16P 语音模块，该模块集成了一个 16 位 MCU，以及一个专门针对音频解码的 ADSP，采用硬解码的方式，更加保证了系统的稳定性和音质。小巧的尺寸更加满足了嵌入式模块的要求。

11）步进控制：采用 A4988 步进电机驱动器，A4988 是一款带转换器和过流保护的 DMOS 微步进电机驱动器，它用于操作双极步进电机，在步进模式，输出驱动的能力 35 V 和 ±2 A。只要在 "STEP" 引脚输入一个脉冲，即可驱动电动机产生微步。无须进行相位顺序表、高频率控制行或复杂的界面编程。

12）实施方案：该智能小车由 Arduino mega2560 主板对各种传感器的传输信号进行分析处理，来驱动电机和舵机进行控制，实现竞赛的各项任务，实现过程如下：在黑白巡线时，通过灰度循迹传感器进行状态监测，通过 4 个弯道，并对上料区和下料区的 3 条定位线进行准确定位；当小车运行到障碍物时，通过激光测距传感器监测障碍物与小车间的距离，并在合适的距离下进行避障绕道；在夹取放置物料时，由可自动调节角度的舵机来控制机械臂夹取和放置物料。

（3）控制系统流程

1）主控流程

智能物流小车通过多种传感器实时感知周围环境，构建地图并规划最优路径。在任务执行过程中，系统根据传感器数据和地图信息进行决策，灵活地避开障碍物并控制小车的运行。小车可自动执行各类物流任务，将物品从起始点运送到目标点。具体流程如图 6-14 所示。

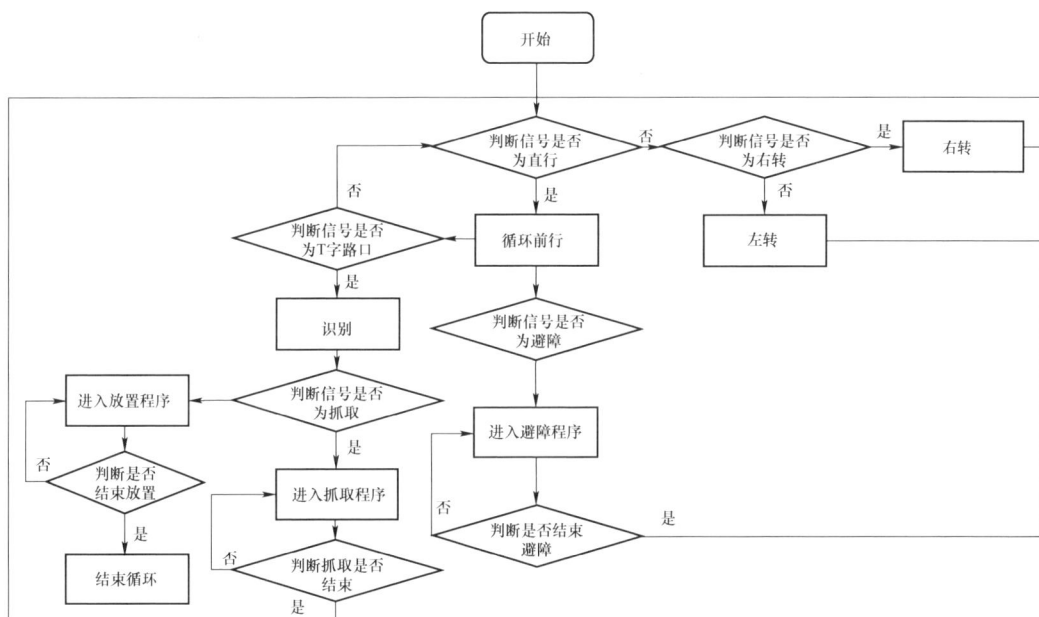

图 6-14　主控流程图

2）避障流程

智能小车避障技术是一种基于多种传感器的智能驾驶技术，它通过实时获取车辆周围环境数据，分析障碍物的位置和距离，以判断是否需要采取避障措施。当智能小车检测到障碍物位于行驶路径上时，根据预设的避障策略，它会采取相应的行动，例如停车、转向或减速等，以确保安全地绕过障碍物并继续行驶。整个避障过程是连续不断的，智能小车持续实时监测传感器数据，做出避障决策和调整，以保持平稳的行驶状态。这一技术使得智能小车能够在复杂环境中高效、安全地行驶，避免与障碍物发生碰撞，确保行驶的安全性，为自动驾驶和智能交通系统提供了重要的支持和保障。避障流程如图 6-15 所示。

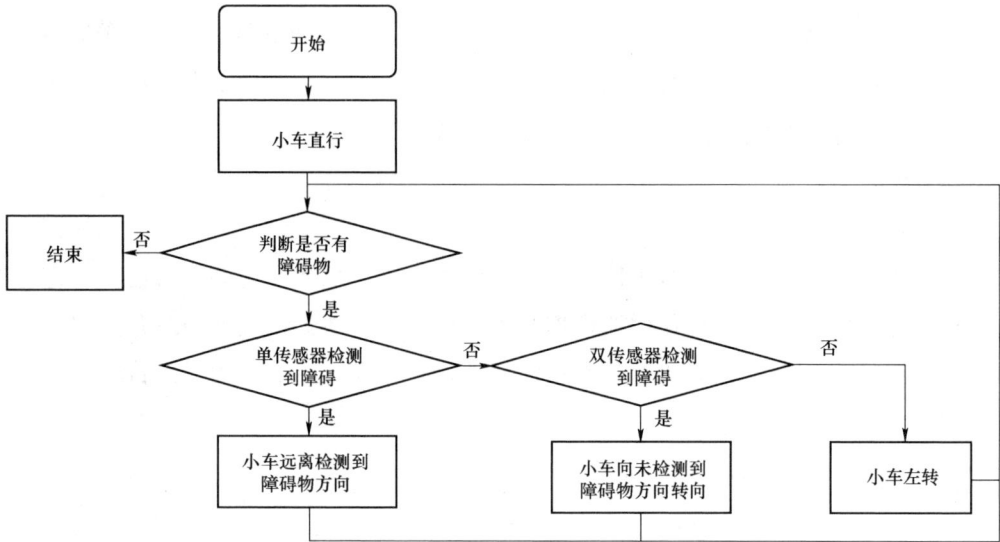

图 6-15　避障流程图

3）巡线原理及流程

智能物流小车是通过巡线传感器来实现巡线功能的。巡线传感器是一种常用于机器人、自动化设备等领域的传感器，它能够检测地面上的黑色或白色线条，并将检测结果转化为电信号。巡线传感器的工作原理基于反射光电效应，它通过向地面发射红外线，当红外线照射到地面时，会被地面上的黑色或白色线条反射回来，这时传感器就会接收到反射回来的红外线，并将接收到的信号转化为电信号。当地面上没有线条时，传感器接收到的反射信号较弱，输出的电信号也会相应较小。如果地面上有黑色或白色线条，传感器接收到的反射信号就会明显增强，输出的电信号也会相应增大。通过检测输出电信号的大小，机器人或自动化设备就能够判断自己的位置是否在黑色或白色线条上，从而做出相应的动作，比如调整方向或停止运行等，如图 6-16 所示[64]。巡线过程中，小车向左偏，应该增加左侧电机的速度，减小右侧的速度，减小或增加的量，根据小车实际情况修改测试。小车向右偏，则相反。

7 路灰度传感器巡线是一种用于智能车辆或机器人的自动导航系统。其原理是基于 7 个灰度传感器同时测量地面上黑线的反射强度，黑线通常由特殊颜色或材质构成。当车辆在道路上行驶时，传感器会持续读取黑线反射的灰度值，并将其转换成数字信号。根据不同传感器之间的灰度差异，系统能够判断车辆相对于黑线的位置和方向。通过巡线算法的处理，智能车辆可以根据传感器数据做出相应的控制，确保车辆始终沿着黑线正确行驶，从而实现自动跟随或避障等导航功能。巡线流程如图 6-17 所示。

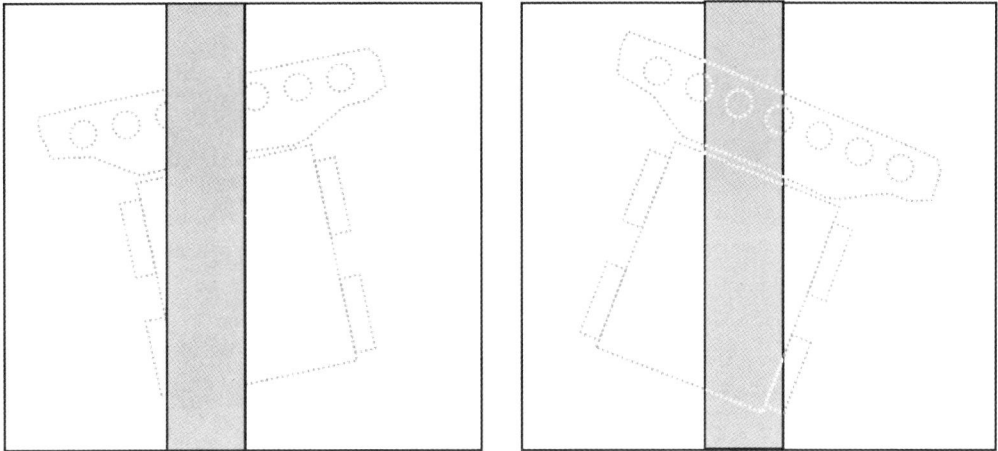

图 6-16　巡线原理图

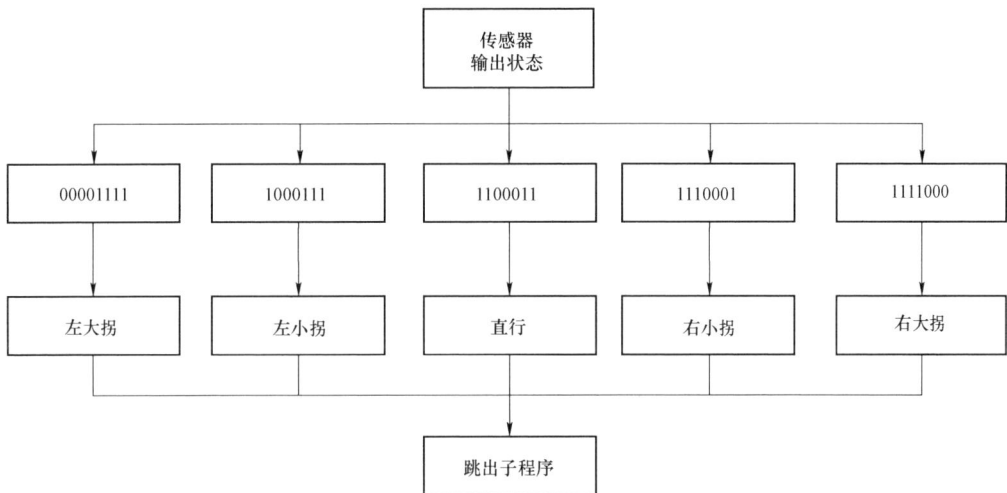

图 6-17　巡线流程图

5. 实施过程和成果展示

经过长达数月的刻苦学习、精心结构设计、精湛模型制作、耐心编程调试等多个繁复环节，如期圆满完成了任务。在这个过程中，团队成员充分发挥各自的专业技能，紧密协作，不仅克服了技术和工程挑战，还深入研究了相关领域的理论知识，绘制了详细的技术图纸，精心选择材料，追求每一个细节的完美，编写了复杂的控制程序，进行了反复测试和调试，以确保模型可以按照预期执行任务。作品照片如图 6-18 所示。

6. 学生参与和反馈

本项目团队由 3 名学生组成，分别由计算机科学与技术专业、机械设计制造及其自动化专业和电子信息工程专业的同学组成。团队成员在作品制作的过程中因为方案、时间安排等方面出现了分歧，最后在组长的努力下成功完成作品制作并获得一等奖。从组长的获奖感言里面可见一斑：

图 6-18　智能物流小车实物图

很荣幸能有这个机会参加本次竞赛，这次获奖离不开各位组员的努力创新和艰苦奋斗。再加上有相应专业同学的帮助和指导老师的指点，使本组作品不断完善与提高。两位指导老师在竞赛时也给了我们不可或缺的帮助。通过参加本次竞赛，让我对团队合作概念的理解更加深刻，让我对于队员自身素质的重要性及其对于团队的影响有了更加深刻的理解。竞赛的过程也开拓了我的眼界，让我学到了很多的相关知识，也提升了我编写嵌入式程序的水平。竞赛现场，看到了许多竞争对手的作品，开拓了我的眼界与思路。果然交流与比拼，更能产生创新的花火。

6.3.2　案例二：非接触式体温检测与身份识别一体化预警系统[①]

1. 项目背景和目标

在 2019 年年底，新型冠状病毒肺炎疫情的爆发震惊了中外。

新冠病毒造成的最典型的症状为发热、干咳、乏力，其中能有效检测的主要是体温。为有效地防控疫情，世界各地都通过体温测量来进行初步筛查，国内外出现了很多用于非接触式测量人体体温的便携式仪器，主要分为基于红外测温系统的体温计和

---

① 本项目作为 2020 年国家级大学生科研训练计划项目，参加浙江省大学生物理创新竞赛，在当年获得浙江省一等奖。

热成像仪等两种产品。国外在非接触式体温计方面起步比较早，而且对非接触式体温计的研究已经取得了比较明显的成果。主要产品与开发公司有：德国博朗集团开发出只需 1 秒即可测出体温的红外体温计；日本欧姆龙也研制出几款非接触式红外体温计，BJ40 型非接触式医用红外线体温计，精确度±0.2 ℃；WFHX-68A 型便携式红外温度计，分辨率为 0.1 ℃，测量精度为±0.2 ℃；意大利的 THERMO Focus-reg，测量精度为±0.2 ℃。国内生产的红外测温仪也已经用于车站等公共场所。

目前已在市场上应用的类似产品，如：高铁站、酒店的体温测量与身份识别系统，但体温测量与身份识别无法实现同时检测，为更好地防止疫情的蔓延，在发热症状产生时就能通过体温检测及时发现从而达到预警的效果，基于人脸身份识别和体温检测分析一体化的项目应运而生，而本产品能够实现在复杂环境下的高效率无接触精准温度检测，使身份识别录入与体温检测录入同时进行，一旦投入应用，成效将非常显著。以高铁站为例，政府就无须设下多重关卡（测温人员、身份识别录入人员、热成像仪控制人员等），直接将多种环节合并，使得身份信息识别与温度检测一体化。因此，该项目有助于居民健康辅助及信息交流系统指标提升，可以推广到高校、居民区、酒店、学生社区、医院、高铁站、机场或者事业单位等。

该产品识别快，能够实时地、非接触地测得人体体温，并且记录至后台，对于体温异常者，结合人脸检测与身份识别技术进行自动信息登记。该产品能精准地将异常体温对应到目标人物上，节约了排查的时间，有效减少了检测通道处人员接触的风险，一定程度上切断了新冠病毒的接触和传播的渠道，从而达到预防新冠病毒的效果。为疫情防控带来便利，也为在短时间内防止此类传染病再蔓延提供可能性。

2. 本项目应用传感器的工作原理

（1）红外测温传感器

本项目采用的是热辐射式测温传感器（红外测温传感器的一种）。其基本原理是：

任何物体在高于绝对零度（−273.15 ℃）以上时都会向外发出红外线，且任何高于绝对零度的物体受热后将有一部分热能转变为辐射能，辐射能以电磁波的形式向四周辐射，物体的温度越高，向周围空间辐射的能量就越多。在物体能吸收又能转换为热能的射线中可见光和红外线最显著。所以对可见光或红外线的能量进行测量，就可以对物体温度进行一个测量。黑体辐射能量分布如图 6-19 所示。

本项目选用 MLX90615 芯片，该芯片是一种红外温度传感器芯片，用于非接触式测量物休温度，测温范围为−40～115 ℃，采用的是 TO-46 封装，MLX90615 支持 3 V 供电，集成了 IIR 数字滤波。主要由红外热电堆传感器、低噪声放大器、16 位模数转换器和功能强大的 DSP 单元组成，红外热电堆传感器将采集到的红外辐射转化为电信号，并经过低噪声放大器放大后送给模数传感器。模数传感器输出的数字信号经 FIR/IIR

低通滤波器调理后送入数字信号处理器，数字信号处理器堆数字信号运算处理后输出测量结果并保存在 MLX9065 内部 RAM 中，可以通过 SMBus 或 PWM 方式供主控 CPU 单位读取。MLX90615 具有宽温度范围的高精度、高分辨率、发射率可调节、SMBus 兼容的数字接口等优点。

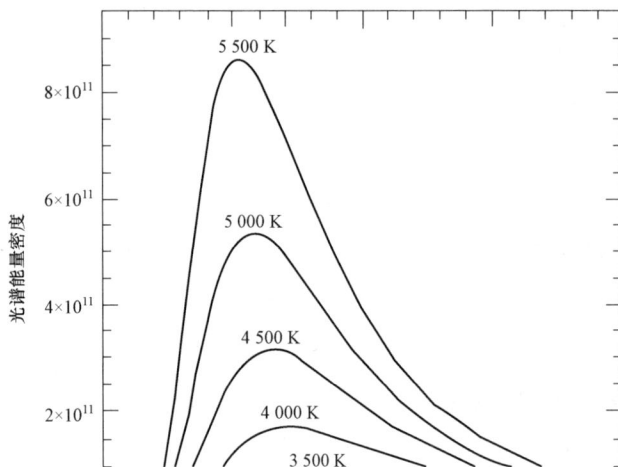

图 6-19　黑体辐射能量分布曲线

作为医用的 MLX90615ESG-DAA 在 36～39 ℃的人体温度范围内的精准度达到了±1 ℃。MLX90615 广泛应用于高精度非接触温度测量、家用温度控制、卫生保健、多重温度区域控制等领域。MLX90615 温度传感器测量电路图如图 6-20 所示。

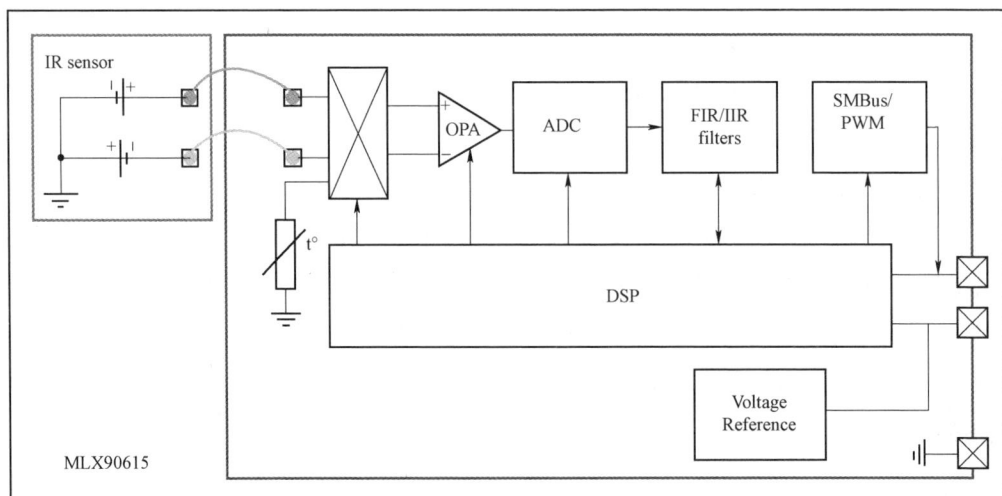

图 6-20　MLX90615 温度传感器测量电路图

（2）激光测距传感器

本项目作品在检测到一定距离有障碍物时，才会开始工作，测距利用脉冲式激光测距，其原理如图 6-21 所示，光照射到任何物体表面，都会进行漫反射。使用激光测距传感器发射激光，物体表面进行漫反射，少数光线沿原路返回。光速为固定值，不被其他变量影响，所以沿原路返回的电子，在整个运行轨迹中，做匀速直线运行。此运行（光子从激光测距传感器到被测物体表面）中速率为光速且不变，为 299 792.458 km/s，运行时间为发射与接受时间间隔的 1/2，为 $t/2$，得到激光测距传感器到被测物体表面的距离。

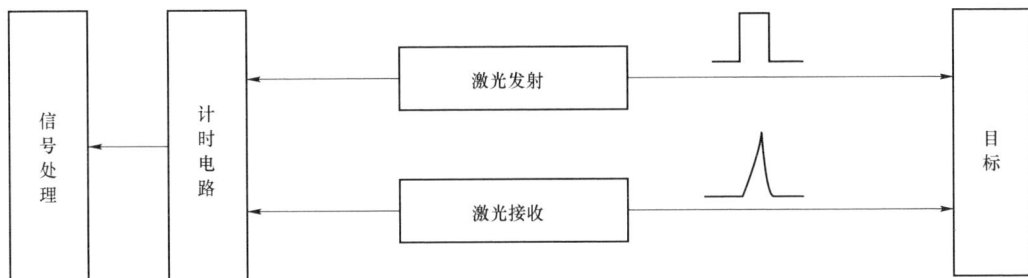

图 6-21　脉冲式激光测距原理图

（3）电容传感器

电容式触摸屏的基本结构包括一个单层有机玻璃基板，该基板的内外表面分别涂有透明导电薄膜，并在外表面的四个角上附有狭长的电极。其工作原理如下：

在触摸屏工作面接通高频信号时，手指触摸屏会形成一个耦合电容，这相当于导体，因为工作面上有高频信号。手指触摸时会吸走一个小电流，这个电流分别从触摸屏的 4 个角上的电极流出。根据欧姆定律和电阻定律，电流的强弱与手指到电极的距离成反比，因此可以准确计算出触摸点的位置。这种原理可以用来检测用户在触摸屏上的操作，广泛应用于各种触摸屏设备，如智能手机、平板电脑和计算机显示器。电容式触摸屏传感器原理如图 6-22 所示。

（4）图像传感器

图像处理采用 CMOS 图像传感器，主要原理是通过光敏二极管将光信号转换为电信号，如图 6-23 所示。光敏二极管是在反向电压作用之下工作的。没有光照时，反向电流很小（一般小于 0.1 μA），称为暗电流；当有光照时，携带能量的光子进入 PN 结后，把能量传给共价键上的束缚电子，使部分电子挣脱共价键，从而产生电子—空穴对，称为光生载流子。

涉及的物理原理是光电效应。由于光的粒子性，光是由一份一份不连续的光子组成，当某一光子照射到对光灵敏的物质（如硒）上时，它的能量可以被该物质中的某个电子全部吸收。电子吸收光子的能量后，动能立刻增加；如果动能增大到足以克服原子核对它的引力，就能在十亿分之一秒时间内飞逸出金属表面，成为光电子，形成光电流。单位时间内，入射光子的数量越大，飞逸出的光电子就越多，光电流也就越强，这种由光能变成电能自动放电的现象，就叫光电效应。

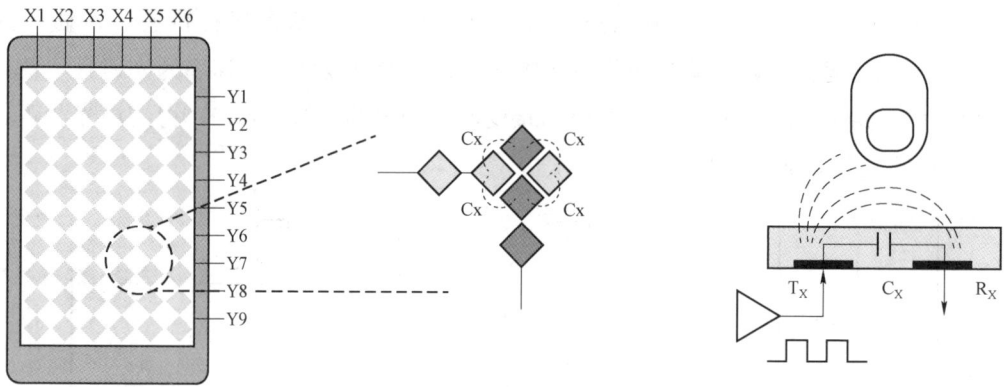

图 6-22　电容传感器原理图

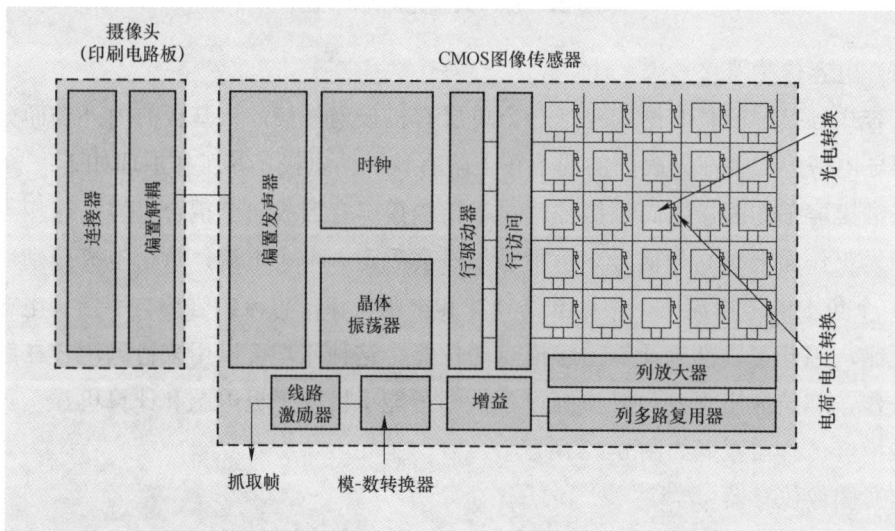

图 6-23　CMOS 原理图

3. 系统设计和硬件组成

（1）结构设计方案

本项目结合计算机视觉系统、红外测温技术，将实现在复杂环境下的高效率精准温度检测及身份信息识别双向同时进行，并且达到预警的效果。既简便了测温、身份录入流程，又降低了人力劳动成本和被传染流行性或病毒性感冒的风险，对大范围统计体温、防控疫情以及防范传染病将有重要意义。可以推广到高校、居民区、酒店、学生社区、医院、高铁站、机场或者事业单位等。体温检测与身份识别系统如图 6-24所示。主要功能如下：

1）实现身份识别和体温检测一体化，实时获取信息（身份识别、体温测量同步进行）；

2）实时体温监测、体温异常者身份信息识别并存档；

3）体温异常时，外接音箱语音及灯光提示，显示屏显示体温异常人员头像，并提示再次测量体温同时录入人员信息。

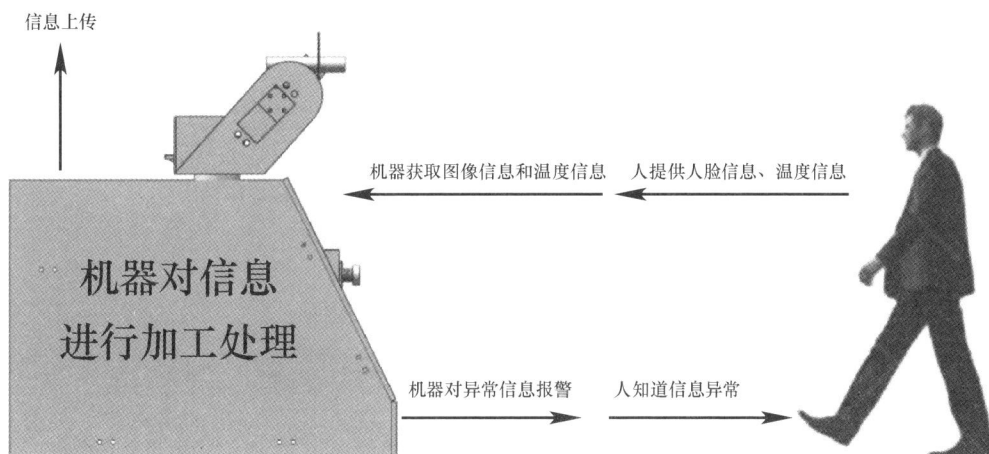

图 6-24　体温检测与身份识别系统

本项目由显示屏、摄像头、步进电机、舵机、红外测温传感器等硬件组成，摄像头扫描识别人脸身份录入，同时红外测温传感器测出体温，进而录入需要信息，若体温异常，则音箱语音、灯光提示，显示屏显示异常人员头像并提示再次测温。总体模型、实物如图 6-25 所示。

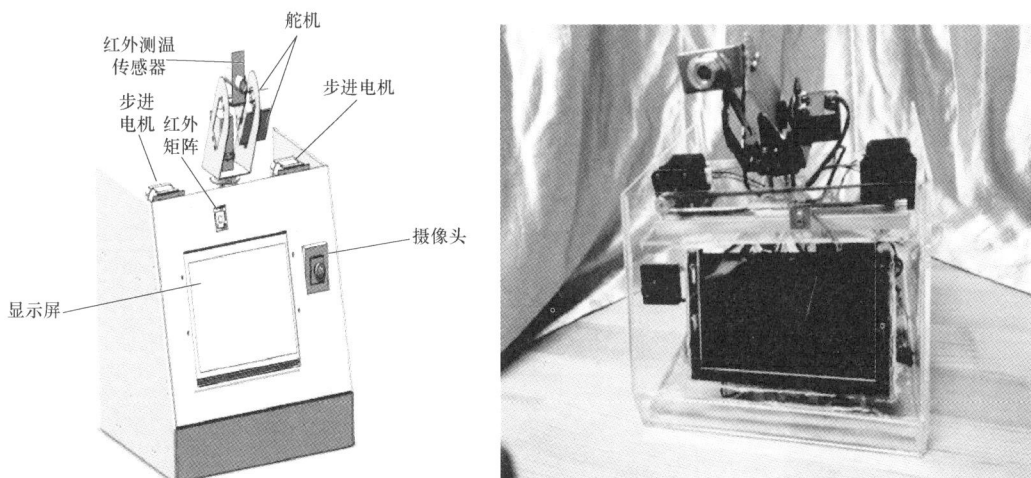

图 6-25　结构建模及实物模型

（2）主要工作流程

本项目首先在树莓派（Arduino）上运行 TensorFlow slim 框架来获取人脸的位置信息，再通过串口将人脸位置信息发送至 Arduino 平台，控制云台移动，使红外温度传感器与激光测距对准人脸，并将测得的温度信息回传给树莓派（Arduino），树莓派（Arduino）将温度信息上传至云端进行比较，若云端返回正常信号，则正常录入信息（身份及体温信息），反之，则显示屏显示体温异常人员头像并提示再次测量体温。总体实施流程图如图 6-26 所示。

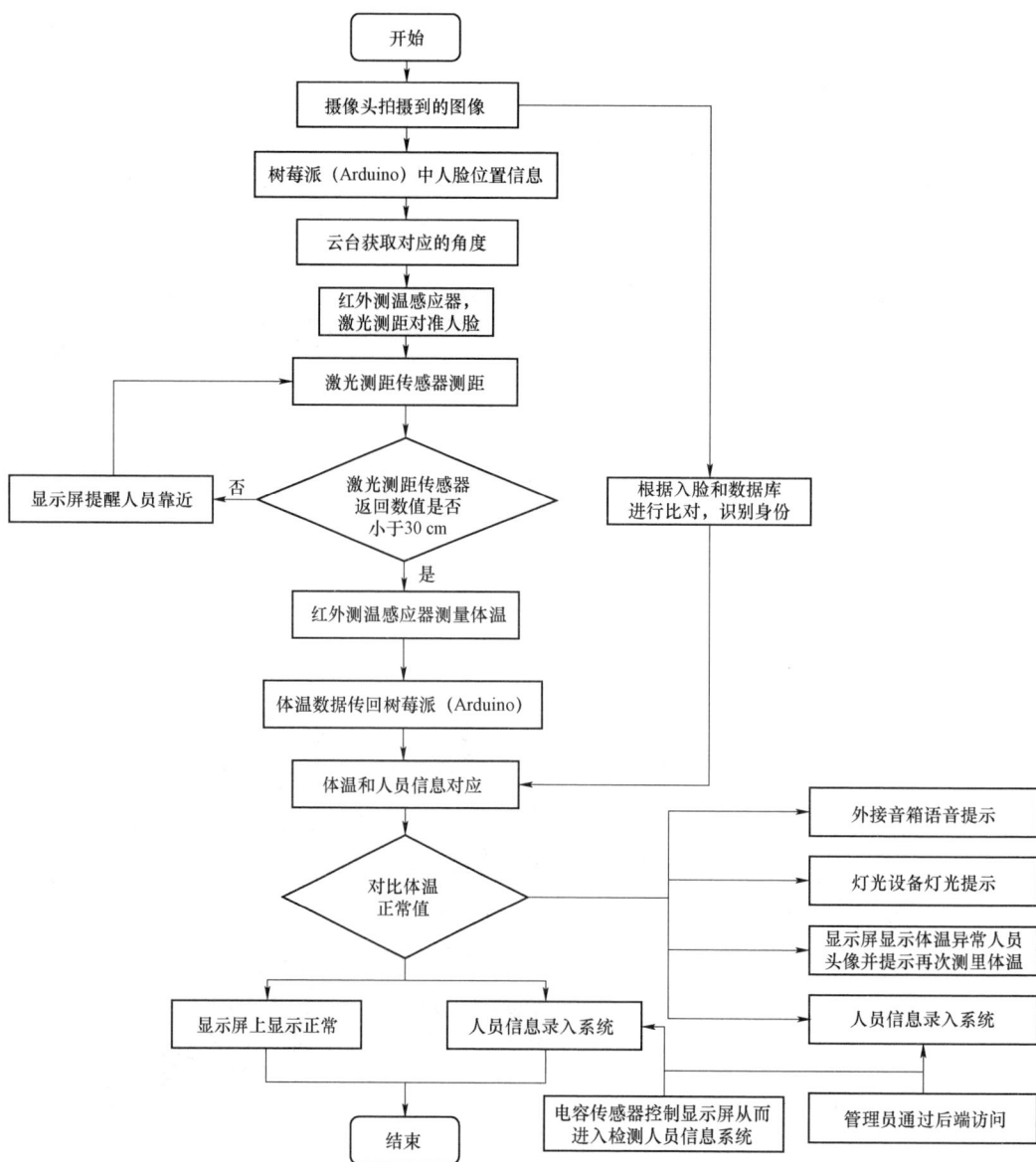

图 6-26　设备运行流程图

（3）人脸检测

人脸图像采集及检测：即通过摄像镜头获取人脸的数字图像。

人脸检测算法：模板匹配模型，Adaboost 模型，其中 Adaboost 模型在速度与精度的综合性能上表现最好，特点是训练慢，检测快，基本可达到视频流实时检测。

人脸图像预处理：实现人脸对齐，即检测到输入图片中的人脸目标，需要对人脸图像预处理，因为同一个人不同图像序列中的姿态，表情会发生变化，不利于人脸特征提取，因此需要将人脸图像变换到统一的角度和姿态，人脸会受到各种条件的限制和随机干扰，通过找到的人脸基准点如眼角、鼻尖、嘴尖等部位，本项目采用基于 Dlib 的人脸对齐。

人脸特征提取：是将人脸图像信息数字化，将一张人脸图像转换为一串数字（一般称为特征向量）。如对一个人脸，找到他的眼睛左边、嘴唇右边、鼻子、下巴等位置，利用特征点间的欧氏距离、曲率和角度等提取出特征分量，最终将相关的特征连接成一个长的特征向量。

计算方法：利用 CNN 对海量数据进行学习，提取图像特征。目前已经实现了对于视频中人脸位置信息的自动检测，并且自动生成 VOC 数据集的 xml 文件，这让高效且低成本地进行机器学习成为了可能。

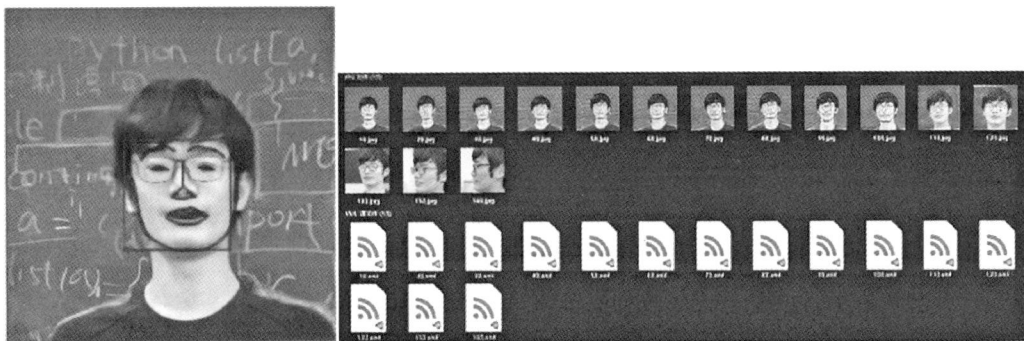

图 6-27　脸部特征提取系统

4. 实物模型展示

5. 应用前景

非接触式体温检测与身份识别一体化预警系统，应用前景广阔，除了市场上类似产品已有功能外，还具用以下几点优势：

（1）实现身份识别和体温测量一体化，实时抓取信息（无须身份识别、体温测量两项分步进行），简化步骤、节省时间；

（2）无须避免周围高温物体的影响，人脸锁定直接测量，不仅改善了测温仪效率低的缺点，而且解决了热成像仪成本高、无法身份识别的问题；

图 6-28 体温检测与身份识别一体化界面

（3）在大数据分析时代下，为流感、新冠等多发疾病提供数据支持及预警。

此项目的意义不仅在于防控肺炎、流感等传染病，降低了检测人员的风险，提高了检测工作的效率，为更加快速、准确获取信息及控制疫情带去了巨大的社会效益。开发出更多符合市场需求的红外测温产品并予以创新（与身份识别相结合），同时为促进我国乃至全球传染病防治的发展做出贡献。

6. 学生参与和反馈

本项目负责人为甫尧锴及 3 名成员，分工如下。

甫尧锴：本系统电控方案的提出与制作，材料的采购，代码设计输入，整体结构的设计，模型尺寸制定，实物模型搭建。

林芷齐：文本撰写，材料采购，实物模型搭建。

陈奕璋：代码设计输入，整体结构的设计，模型尺寸制定，实物搭建，三维图绘制与修改。

金沈妙：模型结构设计，整体结构调整，三维图绘制与修改。

在本次竞赛中，参与学生不仅展现出卓越的创新能力，更令人振奋的是，他们在科研与创新方面取得了令人瞩目的成果。他们共申请了 4 项专利，其中 2 项实用新型专利已经成功获得授权，另外 2 项发明专利目前还在审核中。这些成果不仅体现了他们在学术领域的深刻造诣，更重要的是这些专利在实际应用中具有巨大的潜力，将为社会带来重要的创新和发展。

学生们的收获可谓丰硕。通过参与竞赛，他们不仅提升了自己的科研能力和解决问题的能力，还培养了团队合作精神和创业意识。这些宝贵经验将成为他们未来学术和职业道路上的宝贵财富。

6.4　浙江农林大学暨阳学院机电类创客教育实践与成果展示

6.4.1　创客教育实践的教学方法和策略

在机电信息类专业学生的创客教育实践中，采用了多种教学方法和策略，以培养学生的综合能力和应对未来挑战的能力。具体策略包括：

（1）项目驱动教学：通过项目驱动教学，将学生引导到团队合作中，解决实际问题。这有助于培养他们的创新思维，让他们在实际项目中应用所学知识，获得实际经验。

（2）跨学科融合：将不同领域的知识融合在一起，例如机械设计、电子工程和编程等，提升学生的综合运用能力。这种跨学科的方法有助于学生更全面地理解问题，并提供综合解决方案。

（3）问题导向学习：采用问题导向学习方法，激发学生的求知欲望。通过提出具体问题或挑战，鼓励学生主动去寻找解决方案，培养了他们的问题解决能力。

（4）实践性教学：通过动手操作和实际项目的开展，深化了学生对知识的理解。实践性教学使学生能够将理论知识应用到实际中，并培养了他们的实际操作技能。

（5）导师指导和学生主导学习：导师的指导和学生的主导学习相结合，使学生在项目中既能够获得专业知识的引导，又能够自主探索和学习，培养了他们的自主学习能力。

（6）竞赛展示：通过竞赛和项目展示，激发了学生的积极性和竞争意识。这也为学生提供了一个展示成果和分享经验的平台。

（7）资源共享和团队合作：学生之间的资源共享和团队合作培养了团队协作和沟通能力，这些能力在未来职业中非常重要。

通过这些策略，机电信息类专业学生在创客教育实践中培养了自主学习、创新和团队合作能力，使他们更好地准备应对未来的挑战。

6.4.2　创客团队的组建与管理

为培养学生创新能力和团队协作意识，学校鼓励并支持成立创客社团，这个由学生自主管理的平台，成为创意与技术交流的乐土。社团依托机电创新实验室、电子实验室等创新平台，为学生提供实践的机会。在这里，学生可以自主学习创客相关知识和技能，通过动手制作创意作品，将理论付诸实践。这不仅有助于巩固课堂所学，还能够培养学生的问题解决能力和创新思维。

随着学生在创客社团的积累和成长，他们将有机会逐步深入到更具挑战性的项目中。适时申报各级大学生科研训练计划项目，成为了学生们追求更高层次的机会。一旦项目立项，学生将积极投入其中，通过实物模型的制作、相关专利的申报和论文的发表，全面展示他们的创新成果。这个过程不仅锻炼了学生的研究能力和团队合作，还为他们的学术发展和职业道路奠定了坚实基础。

此外，积极参与各类相关竞赛也是培养学生综合素质的有效途径。机器人大赛、工程实践与创新能力竞赛、机械设计大赛、物理创新竞赛等提供了一个展示自己创意和技术的平台。学生在竞赛中不仅可以与其他团队进行切磋，还能够接触到更广阔的学术界和行业圈子，不断拓展自己的视野和人脉。竞赛不仅是一次技术的比拼，更是一次学习与成长的过程，为学生日后的职业发展积累了宝贵的经验。

6.4.3　竞赛指导和技术培训

在创客团队的指导和技术培训环节，注重培养学生的创新意识、实践能力和跨学科合作能力，以应对日益复杂和多样化的科技竞赛的挑战。指导和培训涵盖多个方面，旨在帮助学生在竞赛中脱颖而出。

（1）竞赛宣讲

在竞赛宣讲环节，为学生介绍竞赛主题、所用到的知识技能、收获及相关竞赛在学生职业生涯中的作用，激发他们对各项竞赛的参赛热情。深入解析每个竞赛的背景和目标，为学生揭示每个竞赛背后蕴含的挑战和机遇。结合创客教育重点参加全国工程实践与创新能力大赛、全国大学生物理科技创新竞赛、全国大学生机械设计大赛以及全国大学生机器人大赛等，通过精彩的案例和真实的项目来演示竞赛所涵盖的领域和内容。

在宣讲中，重点关注竞赛的评审标准和要求，为学生展示如何以创新的视角去解决实际问题。逐一分析竞赛题目，提供详细的思路和方法，引导学生从多个角度思考，拓展解决方案的可能性。此外，也介绍了过往优秀作品，让学生能够从实际案例中汲取灵感，更好地展现自己的创意和创新。

（2）团队组建

在团队组建阶段，鼓励跨年级、跨学科的同学积极加入，共同构建一个充满多元化思想和技能的团队。来自不同专业和年级的成员能够为团队带来丰富的视角和创新的想法，从而更好地应对竞赛中的多样性挑战。学生从不同领域的专业中选择合适的团队成员，以确保团队能够涵盖机械设计、电子电路、编程等多个方面。此外，强调团队协作和沟通的重要性，鼓励成员们充分分享自己的想法，相互倾听和学习，共同追求项目的成功。

为了确保团队的高效运作，设立了明确的角色和责任分工。每个成员都有机会在特定领域中发挥自己的专长，同时也需要积极参与其他方面的工作，以促进技能的综合提升。团队的合作氛围和相互支持是我们追求的目标，鼓励成员们在共同努力中共同成长，取得更好的团队成果。

通过这种多元化的团队组建，相信能够培养出富有创新思维和协作能力的团队，为竞赛的成功奠定坚实的基础。致力于为每个团队成员提供一个积极、开放的学习和创作环境，让他们在实践中不断突破自己，实现个人和团队的共同目标。

（3）技术指导

在竞赛的技术指导阶段，致力于为团队成员提供全面的技术支持和指导，以确保项目的顺利进行和最终的优异表现。

技术指导涵盖了多个方面，包括机械机构设计、硬件电路设计和软件编程。针对不同的竞赛项目，根据题目的要求和挑战性，为团队提供相应的技术方案和解决方案。对于机械机构设计，注重设计的稳定性、精准性和可靠性，帮助团队成员理解并应用机械原理和工程设计知识。在硬件电路设计方面，提供电路图设计、元器件选型和电路优化的指导，确保电子部分能够正常运作并满足竞赛需求。此外，在软件编程方面，引导团队成员掌握编程语言和算法，编写稳定且高效的代码，以实现系统的功能和控制。

技术指导不仅停留在理论层面，更注重实际操作和实践。鼓励团队成员进行实验和测试，不断调整和改进设计，以达到更好的效果。教师提供实际的示范和演示，帮助团队成员理解复杂的技术概念，并亲自动手解决遇到的难题。鼓励团队成员积极寻求外部资源和专家意见，以丰富他们的技术知识和视野。

（4）竞赛参赛

在参加竞赛的阶段，师生积极准备，充分发挥团队的技术实力和创新能力，以取得优异的成绩。

首先，对竞赛的题目进行更深入的研究和分析，理解比赛要求以及评分标准。结合之前的技术指导，制订详细的实施计划，明确各个环节的任务和时间节点。针对常见的问题，比如竞赛场地的特点、灯光条件、设备可靠性等，制订相应的对策和应急计划，以保证在比赛过程中能够应对各种情况。

其次，是充分发挥团队的协作和创新能力，各个成员分工合作，分别负责机械、电子、软件等方面的工作。定期进行进展汇报和讨论，及时解决遇到的问题，保证整个项目的顺利推进。在设计和制作实物模型的过程中，我们严格按照设计方案进行操作，确保每个细节都符合要求，同时不断优化和改进，以提升性能和可靠性。

再次，注重项目的创新性和差异化，力求在竞争中脱颖而出。鼓励团队成员提出创新点和改进方案，将独特的想法融入项目中，以展现出与众不同的特色。我们也积极寻求外部的意见和建议，不断完善项目，确保在比赛中能够展现出最佳的效果。

最后，在比赛前进行充分的演练和测试，模拟比赛的环境和场景，查漏补缺，排除潜在的问题。进行多次的试验和实验，确保每个部分都能够正常运作，以应对比赛期间可能出现的挑战和困难。在比赛中，保持冷静和专注，全力以赴，展现出团队的实力和信心。

（5）竞赛成果展示

2019 年以来，多项学科竞赛获奖处于省内同类院校前列，获省级三等奖及以上奖项 50 项，其中一等奖 15 项。

表 6-3 2019—2023 年度学科竞赛奖项一览表

序号	项目名称		获奖学生	指导老师	年份
1	浙江省大学生工程综合能力竞赛	一等奖	郭云樟、甫尧锴、陈贤辉	何洋、颜国华	2019
2	浙江省大学生工程综合能力竞赛	二等奖	陈华青、尹宇杰、任小钊	何洋、颜国华	2019
3	浙江省大学生工程综合能力竞赛	二等奖	洪佳涛、刘子杭、陈涛	何洋、颜国华	2019
4	浙江省大学生工程综合能力竞赛	三等奖	蒋宜廷、李锦波、施家兴	何洋、颜国华	2019
5	浙江省大学生电子设计竞赛	三等奖	王晨钰、姜维鸿、陈德港	蔺陆军、郑红平	2019
6	浙江省大学生电子设计竞赛	三等奖	陈华青、王芝书、林怡	蔺陆军、郑红平	2019
7	浙江省大学生机械设计竞赛	三等奖	陈友好、金圣桃、陈华青、蓝枭雄、陈贤辉	范兴铎、应伟军	2019
8	浙江省大学生物理科技创新竞赛	三等奖	陈华青、游贻飞、陈炫妮	何洋、孙怀君	2019
9	浙江省大学生物理科技创新竞赛	一等奖	施家兴、林益民、甫尧锴	孙怀君、何洋	2019
10	浙江省大学生电子设计竞赛	一等奖	张婷颖、陈禄丰、张自洁	蔺陆军、郑红平	2020

续表

序号	项目名称		获奖学生	指导老师	年份
11	浙江省大学生电子设计竞赛	一等奖	陈贤辉、陈焕波、洪志杰	蔺陆军、周德全	2020
12	浙江省大学生电子设计竞赛	一等奖	施孙扬、乐建涛、管金晶	蔺陆军、郑红平	2020
13	浙江省大学生机械设计竞赛	二等奖	陈贤辉、洪佳涛、苏林峰、吴泳辰、李才玺	范兴铎、应伟军	2020
14	浙江省大学生物理科技创新竞赛	一等奖	甫尧锴、林芷齐、金沈妙、张雄、陈奕璋	孙怀君、何洋	2020
15	浙江省大学生物理科技创新竞赛	三等奖	陈涛、陈颖峰、冯伟康、朱建瑾、王元柯	孙怀君、何洋	2020
16	浙江省大学生物理科技创新竞赛	三等奖	洪佳涛、牛浠桀、贾治军、梅宇飞、柯晨晨	孙怀君、何洋	2020
17	浙江省大学生物理科技创新竞赛	三等奖	施孙扬、吴泳辰、冯雪媛、吴潇敏	何洋、孙怀君	2020
18	浙江省大学生电子设计竞赛	二等奖	吴潇敏、王炳、郑恒意	王钟、蔺陆军	2021
19	浙江省大学生电子设计竞赛	三等奖	赵锦岸江、蔡渠、王芷莹	王钟、蔺陆军	2021
20	浙江省大学生电子设计竞赛	三等奖	吴嘉豪、池嘉健、郑俊涛	王钟、蔺陆军	2021
21	浙江省大学生工程综合能力竞赛	一等奖	邵鹏程、甫尧锴、曾汉勇	何洋、颜国华	2021
22	浙江省大学生工程综合能力竞赛	二等奖	陈涛、陈翔炜、金俊杰	王晖、何洋	2021
23	浙江省大学生工程综合能力竞赛	二等奖	周乐、卫迦涵、俞晨浩	何洋、赵华强	2021
24	浙江省大学生工程综合能力竞赛	三等奖	方嘉航、顾成龙、马超越	何洋、颜国华	2021
25	浙江省大学生工程综合能力竞赛	三等奖	洪佳涛、万彩玉、张吉祥	何洋、夏鲁锋	2021
26	浙江省挑战杯大学生课外学术科技作品竞赛	三等奖	甫尧锴、林芷齐、陈萍竹、毛瀚龙、艾毓灵、范杰、顾青青	何洋	2021
27	浙江省挑战杯大学生课外学术科技作品竞赛	三等奖	康钰婷、葛雨来、周余莎	范兴铎	2021
28	浙江省大学生物理科技创新竞赛	一等奖	陈涛、张吉祥、季怡澄、刘江、章宏祥	何洋、孙怀君	2021
29	浙江省大学生物理科技创新竞赛	二等奖	陈奕璋、黄坤、贺琳茜、艾毓灵	孙怀君、何洋	2021
30	浙江省大学生物理科技创新竞赛	二等奖	赵锦岸江、万彩玉、蔡渠、王芷莹、高飞鹏	孙怀君、何洋	2021

续表

序号	项目名称		获奖学生	指导老师	年份
31	浙江省大学生物理科技创新竞赛	三等奖	韩家林、郑恒意、宋学年	何洋、孙怀君	2021
32	浙江省大学生物理科技创新竞赛	三等奖	陈杰、王嘉伟、黄若男、郭火炎、杨晓杰	何洋、孙怀君	2021
33	浙江省大学生电子设计竞赛	一等奖	赵锦岸江、刘强、汪雪玲	王钟、徐鹏	2022
34	浙江省大学生电子设计竞赛	一等奖	王芷莹、蔡渠、薛佳骏	王钟、徐鹏	2022
35	浙江省大学生工程综合能力竞赛	二等奖	蔡渠、薛佳骏、王芷莹	颜国华、何洋	2022
36	浙江省大学生工程综合能力竞赛	三等奖	王嘉豪、肖寅、黄子轩	刘海军、颜国华	2022
37	浙江省大学生机械设计竞赛	二等奖	江宇星、廖沈昌、祝佳鑫	范兴铎、邸雷	2022
38	浙江省大学生机械设计竞赛	三等奖	翁苗清、刘忠昌、刘星昂	范兴铎、应伟军	2022
39	浙江省大学生机械设计竞赛	三等奖	董宇恒、陈伟强、刘可东	范兴铎、刘海军	2022
40	浙江省大学生物理科技创新竞赛	二等奖	王嘉豪、肖寅、段子仪、宋欣茹、刘方洋	孙怀君、何洋	2022
41	浙江省大学生物理科技创新竞赛	三等奖	施皓文、宋国军、王瑜珩、卫海波、柯相昱、韩旺	彭樟林	2022
42	浙江省大学生物理科技创新竞赛	二等奖	刘国峰、李林涛、王真、夏倩倩、王滇豪	孙怀君、何洋	2022
43	浙江省大学生物理科技创新竞赛	三等奖	王瑜珩、鲁保鲜、李苏霓、刘鹏飞、刘方洋	孙怀君、何洋	2022
44	浙江省大学生物理科技创新竞赛	三等奖	张育铭、韩家林、杨军、陈培峰、宣航彬	孙怀君、何洋	2022
45	浙江省大学生物理科技创新竞赛	三等奖	陈静、韩佳雨、黄辉烨、朱锐东、唐楚翔、林祺琦	何洋、孙怀君	2022
46	全国大学生结构设计竞赛	一等奖	刘可东、金怡婷、杨大嵩	吴新燕	2023
47	浙江省大学生工程实践与创新能力竞赛	一等奖	唐昌盛、金芮羽、施皓文、朱超琴	何洋、颜国华	2023
48	浙江省大学生工程实践与创新能力竞赛	三等奖	蔡渠、陈杰、郗国泰、戴卫珍	应伟军、何洋	2023
49	浙江省大学生工程实践与创新能力竞赛	三等奖	刘鹏飞、庄永煜、李林涛	何洋、颜国华	2023
50	浙江省大学生工程实践与创新能力竞赛	三等奖	王嘉豪、肖寅、刘国峰、郭一鑫	何洋、颜国华	2023

6.4.4　大学生创新项目指导

大学生科研训练计划项目的申报和组织实施对于提高学生科研素养意义重大，涉及项目选题、申报材料准备、申报文本撰写、项目实施、项目结题验收等多个方面，旨在培养学生的科研能力和创新精神。

在项目申报阶段，首先与团队成员讨论并选择一个与学生所学专业相关、具有创新性和实践性的课题。鼓励学生提出自己的想法，并从中选出最具发展潜力的课题。接着，准备详细的项目申报材料，包括提案、研究背景、目标、方法和预期成果等，确保表达清晰，逻辑严密。同时，制订项目的指导计划，与学生共同制定时间安排和阶段性成果，以确保项目进展顺利。在项目实施期间，定期与学生交流，提供技术指导和问题解答。最后，重点指导学生整理研究成果，撰写结题报告，确保内容严谨、清晰，充分表达科研和创新成果。

近年来，机械设计制造及其自动化专业积极重视大学生科技创新活动的申报，专业学生主持科技创新项目 40 余项，其中国家级 6 项。具体见下表 6-4：

表 6-4　大学生科研训练计划项目

序号	项目名称	项目大类	级别
1	物流末端配送中快递智能收发自动输送系统设计	创新训练项目	国家级
2	香榧假种青皮去除设备的研制	创新训练项目	国家级
3	基于计算机视觉和红外辐射检测的非接触式体温检测分析与预警系统	创新训练项目	国家级
4	基于计算机视觉和激光检测的人脚型大数据采集分析系统	创新训练项目	国家级
5	农作物除虫、施肥和灌溉一体化智能系统	创新训练项目	国家级
6	开心农场—基于线上线下混合的蔬菜种植及采摘平台	创新训练项目	国家级
7	猕猴桃、凤丹套种研究与成果销售	大学生科技创新项目（新苗人才）	省级
8	防近视智能学生写字桌	工程技术学院	院级
9	交叉路口车路协同驾驶智能辅助系统设计	工程技术学院	院级
10	一种可定量供应的瓶芯设计	工程技术学院	院级
11	一种便携式的抓物装置	工程技术学院	院级
12	适用于无电梯小区的上下楼助力器	工程技术学院	院级
13	基于机器学习算法的食堂人脸自助结算系统设计	工程技术学院	院级
14	气候变化对小麦品质的 Meta 分析	工程技术学院	院级
15	基于图像识别的 AGV 智能分拣机器人设计	工程技术学院	院级
16	基于 Meta-analysis 的水氮胁迫对小麦籽粒蛋白质浓度的影响研究	工程技术学院	院级

续表

序号	项目名称	项目大类	级别
17	基于 Arduino 的智能音乐闹钟	工程技术学院	院级
18	基于 Arduino 及树莓派的创新机器人实验台设计与制作	工程技术学院	院级
19	一种酒驾锁死装置	工程技术学院	院级
20	一种可杀虫去臭的厨房垃圾桶	工程技术学院	院级
21	中国光伏发电产业影响影响因素分析	工程技术学院	院级
22	中国食品加工机械制造业的影响因素分析	工程技术学院	院级
23	基于 Arduino 的智能住院管家型机器人	工程技术学院	院级
24	自助可控全自动切肉机	工程技术学院	院级
25	远程控制智能电饭煲	工程技术学院	院级
26	基于分离原理的自清洁防异味垃圾桶	工程技术学院	院级
27	全自动化新型智能盆栽	工程技术学院	院级
28	智龄宝——农村老人智能化就医系统	工程技术学院	院级
29	基于新材料设计的新型钴基高温合金轧制件微观组织及力学性能的研究	工程技术学院	院级
30	农作物智能晒收系统	工程技术学院	院级
31	基本农田保护政策下诸暨市水稻和蔬菜协同保供可行性研究	工程技术学院	院级
32	汽车故障检测排查系统	工程技术学院	院级
33	食用小球藻小型智能培养瓶	工程技术学院	院级
34	智慧鱼塘	工程技术学院	院级
35	一种变压轮胎	工程技术学院	院级
36	智能柑橘采摘机器人	工程技术学院	院级
37	基于深度神经网络的一阶段织物疵点检测算法研究及设备研制	工程技术学院	院级
38	孔径定向调控+氮掺杂活性炭 CO_2 吸附性能及机理研究	工程技术学院	院级
39	基于无线传输技术的白蚁监测系统设计	工程技术学院	院级
40	智能垃圾回收及上门服务系统	工程技术学院	院级

第 7 章　横向整合创客教育生态：促进课内课外、校内校外、校校协同横向贯通

创客教育作为一种培养创新精神和实践能力的教育模式，正日益受到广泛关注和重视。然而，传统教育体系的限制导致课内外、校内外、校校之间的创客教育资源和活动存在断裂和孤岛现象，限制了资源整合、视野拓展和知识交流，从而阻碍了学生全面发展的机会。

7.1　构建创客教育生态圈的意义

在创客运动的带动下，创客教育从 2015 年以来红红火火，各种创客教育机构遍地开花。2016 年 3 月 19 日，《中国创客教育蓝皮书（2015 版）》在清华大学 iCenter 发布。蓝皮书对创客运动和创客教育进行了回顾和梳理，在学术研究层面进行了理论溯源，并为传播创客文化归纳了部分实践案例和模式。面对这一新兴事物，"大众创业、万众创新"的"号角"声犹在耳，创客教育该如何定位？与学校教育怎样融合？当前面临的问题是什么？可持续发展的动力来源在哪儿？面对这些疑问，北京创客总部合伙人尚冠军通过对社会上做创客类的教育服务或者产品的机构进行观察，总结出三点：硬件化和空间化趋势明显；发展速度过快；同质化严重。尚冠军还提出了一个问题："到底创客教育的供给方应该是谁？如果脱离教育的本质和本源，很多创客教育机构迟早要死。"

随着社会对创新人才的需求日益增长，构建一个横向贯通的创客教育生态圈具有重要的意义。当前的创客教育资源和活动往往存在着课内外、校内校外、校校之间的断裂和孤岛现象，限制了学生的视野拓展和知识交流，阻碍了他们全面发展的机会。这种孤岛现象带来了一系列的问题和挑战，包括课内外划分导致学生难以将所学知识

与实际应用相结合，校院之间创客教育活动和合作缺乏紧密的衔接和协同，以及学生与社会的连接和实践能力的不足。

对创客教育这个新生事物了解得越多，就会越明白其发展需要更多力量的参与，需要社会各界、教育机构充分合作，建设一个多层次、全方位、立体角度的生态体系。横向贯通的构建可以打破传统教育的限制和壁垒，促进课内外、校内校外、校院之间的协同合作和资源整合。通过这种方式，学生能够接触到更多不同领域的知识和技能，拓宽自己的视野，培养跨学科思维和创新能力。同时，横向贯通还有助于资源的整合和共享，促进学校与外部合作伙伴、企业和社区等资源的共同开展创客教育项目，提供丰富多样的学习资源和实践机会。此外，横向贯通还能够促进学校与社会的紧密联系，使学生能够与实际社会相连接，积极参与社会创新和发展。通过这种协同合作和资源整合的方式，学生能够培养创新意识、实践能力和综合素质，为他们未来的发展打下坚实的基础。

创客教育生态圈建设就是要实现"一体化建设"，关键是要"打破"大中小学各个学段之间、学校与社会之间的教学藩篱，需要从系统论、协同论和控制论的视野，既解决"各守一段渠"的问题，又避免"各扫门前雪"的"协而不同"现象。

7.2　课内外融合：促进学科知识与创客教育的融合

课内外融合是构建创客教育生态圈中至关重要的一部分。它旨在促进学科知识与创客教育的融合，将传统学科教育与实践性创客活动有机结合，提供更全面、综合的学习体验和知识应用机会。

在传统学科教育中，学生主要通过课堂学习获取学科知识。然而，仅仅掌握学科知识并不能完全培养学生的创新能力和实践能力。创客教育的引入为学科教育提供了新的发展方向。通过创客教育，学生可以将学科知识应用于实际问题解决和创造性项目开发中，培养创新思维、动手能力和团队合作精神。

课内外融合的目标是将学科知识与创客教育紧密结合，使学生能够在学科学习的同时，积极参与创客活动，将所学知识应用到实际项目中。这样的融合有助于激发学生的创造力和实践能力，培养他们解决问题的能力和创新思维。为实现课内外融合，学校和教育机构可以采取以下措施：

（1）整合课程：将创客教育元素融入学科课程中，通过项目式学习、实验等形式，让学生将学科知识应用于实际创客项目中。

（2）提供资源支持：为学生提供创客工具、设备和材料，建立创客实验室或创客空间，为他们提供展示创意和实践成果的平台。

（3）跨学科合作：鼓励不同学科教师之间的合作，开展跨学科项目和活动，促进学科知识的交叉融合，培养学生的综合能力。

（4）培养创新思维：引导学生在学科学习中培养创新思维，鼓励他们提出问题、寻找解决方案和实施创新项目。

通过课内外融合，学生可以在学科知识的基础上，更深入地理解和应用所学内容，培养创新意识和实践能力。这样的融合不仅能够提高学生的学习动力和兴趣，还能够培养他们的创造力和解决问题的能力，为他们未来的学习和职业发展打下坚实的基础。同时，课内外融合也有助于打破传统学科教育的局限，促进学科之间的交流和协作，培养学生的综合素质和跨学科能力，使他们更好地适应社会的发展需求。

7.3　校内外合作：建立校政企协同创新平台

校内外合作是建立学校与外部合作伙伴的创客合作关系的重要举措。通过与行业企业、科研机构、社区组织等外部合作伙伴建立紧密联系，学校能够共享资源、获得专业支持和实践机会，进一步拓展创客教育的边界和深度。这种合作关系可以促进创新教育的理论与实践的结合，提供学生与真实世界接触和实践的机会，培养学生的实践能力和创新精神。同时，学校也能够通过与外部合作伙伴的合作，了解行业需求和趋势，将学科知识与实际应用紧密结合，培养符合社会需求的人才。建立学校与外部合作伙伴的创客合作关系，不仅丰富了学校的教育资源，还提供了跨领域合作和共同创新的平台，促进了创客教育的发展和创新能力的培养。学校可以采取以下具体措施与外部合作伙伴建立创客合作关系：

（1）寻找合作伙伴：学校积极主动地与企业、创客空间、科研机构、社区组织等外部合作伙伴联系，探索合作机会。可以通过行业展会、创客大赛、社交媒体等渠道寻找潜在的合作伙伴。

（2）制订合作计划：学校与合作伙伴共同制定创客教育的合作计划和目标。明确合作内容、时间安排、资源投入等方面的具体细节，确保双方的合作能够顺利进行。

（3）资源共享：学校与合作伙伴共享资源，互相提供支持。例如，学校可以提供教室、实验室等场地供合作伙伴使用，合作伙伴则可以提供创客设备、工具和专业知识。

（4）项目合作：学校与合作伙伴共同开展创客项目，让学生参与其中。合作项目可以包括创意设计、产品开发、科研实验等方面，为学生提供实践机会和实际问题解决的经验。

（5）培训和指导：合作伙伴为学校提供创客教育相关的培训和指导。可以组织专家讲座、技术培训、工作坊等形式的活动，提升教师和学生的创客能力。

（6）创客交流平台：学校与合作伙伴共同建立创客交流平台，促进学生和教师之间的交流与合作。可以举办创客展览、论坛、交流活动等，让学生展示创作成果，分享经验和思想。

（7）实习和就业机会：合作伙伴为学生提供实习和就业机会，让他们在真实的创业环境中锻炼和发展。可以与企业合作，安排学生参与实际项目，培养他们的职业能力和创新精神。

通过建立学校与外部合作伙伴的创客合作关系，学校能够借助外部资源和专业知识，为学生提供更广泛和深入的创客教育体验。这种合作关系能够培养学生的创新意识、实践能力和综合素质，为他们未来的发展打下坚实的基础。同时，合作伙伴也能够受益于与学校的合作，共同培养人才，推动行业的创新发展。

7.4　校校协同：推动学校间创客教育的交流与合作

校校协同是促进学校间创客教育交流与合作的重要方式。通过校校协同，不同学校可以共享资源、交流经验、互相借鉴，进一步提升创客教育的质量和水平。学校间可以开展教师培训、学生交流、创客项目合作等活动，共同探索创新教育模式，激发学生的创造力和创新精神。同时，校校协同也有助于建立学术交流平台，促进教育研究和学科发展，推动创客教育的不断创新和进步。通过积极推动校院协同，学校能够共同构建一个开放、包容、合作的创客教育生态圈，为学生提供更广阔的发展空间，培养具有创新能力和实践能力的未来人才。以下是一些推动校校协同的具体方法：

（1）建立创客教育联盟：学校可以联合其他学校建立创客教育联盟，共同推进创客教育的发展。通过联盟的合作平台，学校可以分享资源、交流经验、共同制定创客教育的标准和指南。

（2）举办交流活动：学校可以定期举办创客教育交流活动，邀请其他学校的师生参与。可以组织创客展览、研讨会、工作坊等形式的活动，让学生展示创作成果，分享经验和思想。

（3）教师培训与交流：学校可以组织教师参加培训和交流活动，邀请其他学校的教师分享教学经验和创客教育的实践。可以通过讲座、研讨会、教学观摩等方式，促进教师之间的互动与学习。

（4）资源共享与合作：学校可以建立资源共享与合作机制，通过合作平台分享创客教育的教材、项目案例、设备和工具等资源。这样可以充分利用各校的优势和特色，提供更多元化和丰富的创客教育资源。

（5）跨校项目合作：学校之间可以开展跨校项目合作，让学生跨校合作解决实际问题。可以组建跨校团队，共同参与创客竞赛、科研项目等，培养学生的团队合作和创新能力。

（6）建立合作网络：学校可以建立创客教育的合作网络，通过线上平台或社交媒体平台连接各校的创客教育资源和活动。这样可以促进学校之间的交流与合作，扩大创客教育的影响力和覆盖范围。

通过校院协同的推动，学校间可以共同分享资源、交流经验、合作创新，提升创客教育的质量和影响力。这种协同关系能够打破学校之间的孤岛现象，促进知识和经验的跨校流动，让更多的学生受益于优质的创客教育资源和机会。同时，校院协同也有助于学校之间的互相借鉴和共同提高，推动整个创客教育生态圈的共同发展。

7.5　整合创客生态：创客教育横向贯通

在当今社会，创客教育作为一种富有创新精神和实践能力培养的教育模式，受到越来越多人的关注和重视。然而，要真正发挥创客教育的潜力，必须解决课内外融合、校内外合作以及校院协同的挑战。

课内外融合、校内外合作以及校院协同是促进创客教育与学科知识的有机结合和发展的关键路径。首先，课内外融合是通过将学科知识与创客实践相结合，帮助学生更好地理解和应用所学的学科知识，培养创新思维和问题解决能力的重要途径。学校可以采用创客项目和实验课程等方式，将学科知识与实践活动融合在一起，为学生提供全面的学习体验。其次，校内外合作是建立学校与外部合作伙伴的创客合作关系的关键，学校可以积极与企业、社区组织和创客空间等外部合作伙伴合作，共同推动创客教育项目和活动的开展，丰富学生的资源和实践机会，促进学校与社会的紧密联系。最后，校院协同是推动不同学校之间创客教育交流与合作的重要方式，学校可以建立创客教育的联盟或合作平台，分享资源、经验和最佳实践，提高创客教育的质量和影响力。通过这种协同合作，学校可以互相学习借鉴，共同推动创客教育的不断发展，为学生提供更广泛的学习机会和成长空间。

通过整合创客生态，实现创客教育的横向贯通，我们能够为学生创造一个更加有利于全面发展的环境。课内外融合、校内外合作和校院协同相互支持，形成一个有机的创客教育生态圈。在这个生态圈中，学生能够获得丰富的学科知识和实践经验，培养创新能力和团队合作精神。同时，学校与外部合作伙伴的紧密合作也能为学生提供更多的实践机会和创业资源，促进他们将创新理念转化为实际行动。通过这样的整合，我们可以培养更多具备创造力和创新精神的未来人才，为社会的发展做出积极贡献。

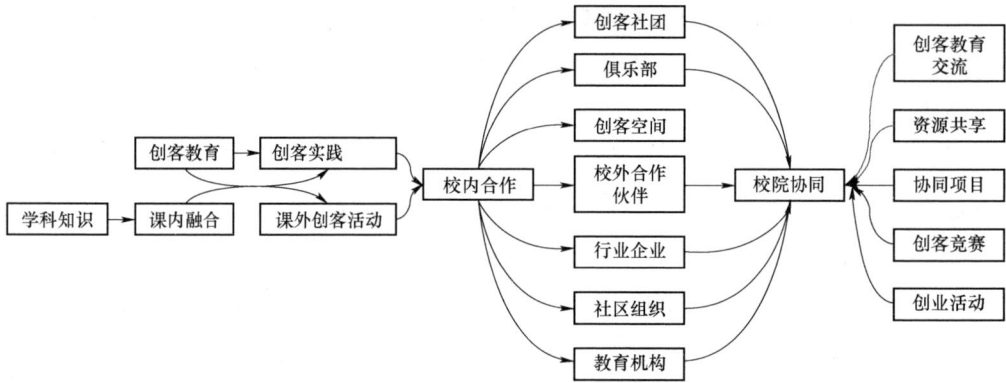

图 7-1　创客教育横向整合生态体系

第 8 章　纵向构建创客教育生态：
促进跨学段纵向贯通

创客教育作为一种富有创新精神和实践能力培养的教育模式，逐渐引起了广泛的关注和重视。然而，由于传统教育体系的限制和划分，课内课外、校内校外、不同学段之间的创客教育资源和活动往往存在着断裂和孤岛现象。这种局限性不仅限制了学生的学习和成长，也影响了创客教育的全面发展和实现其潜力。为了构建一个跨学段纵向贯通的创客教育生态，有必要深入研究当前的现状，并探讨如何上承中小学创客教育，下启持续学习创业，以及如何在整个教育生态中促进创客教育的纵向贯通。本章将围绕这些问题展开讨论，旨在为构建创客教育生态圈提供理论基础和实践指导。

8.1　跨学段创客教育的现状

跨学段创客教育作为一种创新的教育模式，吸引了全球范围内学者和教育实践者的广泛关注。在国内，创客教育的研究和实践也日益兴起。以国外为例，美国是创客教育发展最为成熟的国家之一。Suttmeier R P（2006）[65]提出了创客运动的概念，强调学生通过动手实践和自主探究来发展创造力和解决问题的能力。在美国，创客教育得到了广泛的支持和推广，许多学校和社区建立了创客空间和创客实验室，提供丰富的创客活动和资源。此外，美国的一些大学也开设了与创客教育相关的课程和项目，培养学生的创新思维和实践能力（Martinez & Stager，2013）[66]。

在国内，创客教育的发展也取得了显著的成就。随着政府对创新教育的重视，创客教育逐渐被纳入教育改革的议程。一些高校和教育机构开设了创客教育相关的课程和专业，培养创新型人才。此外，许多学校也积极开展创客教育活动，建立创客实验室和创客空间，提供创新实践的机会。例如，在一些中小学，学生通过制作手工艺品、搭建机器人和编程等活动，培养了创造力和解决问题的能力。国内的创客教育实践逐渐走向多样化和深入化，取得了一定的成果。

尽管跨学段创客教育在国际上和国内都取得了一定的进展，仍然面临着一些挑战和问题。

首先，由于不同学段之间的课程设置和教育理念的差异，实现跨学段的创客教育仍存在一定的难度。例如，中小学的创客教育更注重培养学生的动手能力和创新思维，而高等教育则更注重学生的专业知识和实践能力的培养。如何将这两个学段的教育目标和内容进行有效融合，需要教育者和研究者进行深入研究和探索。

其次，跨学段创客教育还面临着资源不均衡和教师培训不足的问题。在一些地区和学校，创客教育的资源相对匮乏，缺乏先进的设备和教材。此外，教师对于创客教育的理念和方法可能了解不足，需要进一步提高其专业能力和创新意识。因此，加强教师培训和提供更多的创客教育资源是跨学段创客教育发展的重要方向。

为了促进跨学段创客教育的发展，需要采取一系列的措施。首先，建立跨学段创客教育的研究机构和平台，促进学术交流和经验分享。这将有助于不同学段的教育者和研究者之间的合作和互动，共同探索创客教育的最佳实践。其次，加强师资培训，提高教师的创新意识和教育技能。通过培训和支持，教师将能够更好地引导学生参与创客活动，激发他们的创造力和实践能力。最后，政府和教育部门应加大对创客教育的支持力度，提供更多的资金和资源，推动创客教育在全国范围内的普及和深入开展。

跨学段创客教育作为一种新兴的教育模式，具有广阔的发展前景和重要的意义。通过课内外融合、校内外合作和校校协同的方式，我们能够促进不同学段之间的创客教育的交流与合作，实现教育资源的共享和优化。同时，我们也要面对一些挑战和问题，如资源不均衡和教师培训不足等，需要采取相应的措施加以解决。只有通过持续的努力和合作，才能构建起一个全面、协同和创新的创客教育生态系统，为学生的综合发展和社会创新能力的培养提供坚实的支持。

8.2　上承中小学创客教育：构建创新的基石

高校创客教育作为中小学创客教育的上承环节，在承接方面存在一定的问题。目前，一些高校已经开始将创客教育纳入其教学体系中，为学生提供了更广阔的创新空间和实践平台。高校创客教育注重培养学生的创新意识、创造能力和实践能力，通过举办创客竞赛、创业训练营和创新项目等形式，激发学生的创新潜能和创业精神。

　　然而，高校创客教育在与中小学创客教育的衔接方面仍存在一些问题。首先，创客教育资源和机会的分配存在不均衡。一些高校拥有丰富的创客教育资源和实践平台，可以为学生提供更多的创新项目和实践机会。然而，中小学创客教育往往面临资源匮乏和机会有限的问题，这导致了高校创客教育与中小学创客教育之间的不对等。高校创客教育的教育理念和方法与中小学创客教育存在一定的脱节。高校创客教育通常注重理论知识的传授和科研实践的培养，侧重于学术研究和创新成果的产出。而中小学创客教育更强调学生实践能力和问题解决能力的培养，强调学生创造力和创新思维的发展。因此，高校创客教育与中小学创客教育之间在教育内容和方法上存在一定的差异，可能导致衔接不畅的问题。

　　解决这些问题需要更好地协调和整合高校与中小学创客教育的资源和理念，以实现更连贯的教育体系，确保学生能够在不同阶段顺利过渡并获得持续的创客教育支持。这样可以更好地培养学生的创新精神和实践能力，为他们的未来发展提供更均等的机会。为解决上述问题，需要采取一系列的措施来促进高校创客教育上承中小学创客教育。

　　（1）高校和中小学可以建立更紧密的合作关系，通过共享资源和开展联合项目，促进创客教育的衔接。高校可以向中小学提供创客教育的培训和指导，分享先进的教育理念和实践经验。同时，中小学也可以向高校提供创客教育的实践案例和学生创意作品，促进双方的交流与合作。

　　（2）高校可以开设专门的创客教育课程，面向中小学教师和学生进行培训和教育。这些课程可以涵盖创客教育的理论知识、实践技能和教育方法，帮助中小学教师提升自身的创客教育能力，并引导学生进行创新实践和创意设计。通过这种方式，高校可以为中小学创客教育的发展提供专业的支持和指导。

　　（3）高校可以积极引导学生参与中小学创客教育的推广和实践。高校学生可以作为志愿者或实习生，参与到中小学创客教育的教学和活动中，与中小学生共同进行创客项目和实践探究。这种跨学段的互动和交流可以促进学生之间的知识分享和经验传承，推动创客教育的横向贯通。

　　高校创客教育作为中小学创客教育的上承环节，需要积极促进与中小学创客教育之间的衔接与合作。通过建立紧密的合作关系、开设创客教育课程、培养教师和学生的创客教育能力，可以实现中小学与高校之间的创客教育的衔接和持续发展，为学生的创新创业能力的培养提供坚实的基础。

8.3 下启持续学习创业：高等教育与毕业后
创客教育的衔接与延伸

高校创客教育不仅要与中小学教育相衔接，同时也要与毕业后持续学习创业方面承接。许多高等教育机构积极引入创客教育的理念和实践，为学生提供了丰富的创新创业机会。一方面，高等教育机构提供了创业课程、创业孵化器和创新实验室等资源，帮助学生培养创新创业的能力。另一方面，学生参与创客教育项目和实践活动，积累了一定的创业经验和实际操作能力。然而，高等教育在下启持续学习创业方面仍面临一些问题。

存在学生在校期间接触创客教育有限的问题，尽管高等教育机构提供了创新创业的资源和平台，但并非所有学生都积极参与，有些可能缺乏机会或意识。这可能导致毕业后学生在面对创业挑战时缺乏必要的创新思维和实践能力。同时，高等教育与毕业后创客教育之间的衔接也存在问题，需要更贴近市场需求和创业环境，因为学生在校期间获得的理论知识和实践经验不一定能直接应用于创业实践，需要进一步的衔接和延伸。这些挑战需要教育机构和创业生态系统共同努力来解决，以更好地培养具备创新创业能力的学生。为了解决这些问题，需要采取一系列的措施来促进高等教育与毕业后创客教育的衔接与延伸。

（1）高等教育机构可以加强与创业企业、孵化器和产业园区等外部合作伙伴的联系。通过建立校企合作项目、提供实习和创业实践机会，让学生能够接触真实的创业环境和实践项目，提升创业能力和实践经验。

（2）高等教育机构可以开设创业导师制度，为学生提供个性化的创业指导和辅导。创业导师可以帮助学生制订切实可行的创业计划，提供专业的创业指导和实践经验分享，帮助学生克服创业中的困难和挑战。

（3）高等教育机构可以建立创新创业教育基地，提供创新创业资源和支持服务。这些基地可以提供创业培训课程、创业活动和创业资金支持，为学生提供全方位的创业支持和创新资源。

（4）高等教育机构应鼓励学生参与创业项目和实践活动，培养创业的意识和能力。通过创业竞赛、创业实践项目和创新创业社团等方式，让学生能够在真实的创业环境中进行实践和探索，培养创业精神和创新思维。

为实现高等教育与毕业后创客教育的衔接与延伸，需要高等教育机构加强与创业企业和外部合作伙伴的联系，提供创业指导和实践机会，建立创新创业教育基地，鼓励学生参与创业项目和实践活动。通过这些措施，可以让高等教育与毕业后创客教育紧密衔接，为学生的创新创业能力的培养提供持续的支持和发展机会。

8.4　纵向构建创客教育生态：促进跨学段纵向贯通

在构建创客教育生态中，跨学段的纵向贯通是至关重要的一环。通过促进不同学段之间的有效衔接和协同合作，可以实现创客教育的无缝连接，为学生提供持续而有序的创新创造路径。这种纵向贯通的构建对于学生的全面发展和创新能力的培养具有重要意义。

（1）在跨学段的纵向贯通中，需要建立起课内外融合的机制。学生在不同学段的学习过程中应该能够将课堂知识与创客实践相结合，实现知识的应用与拓展。学校可以通过调整课程设置、引入创客项目和实践活动，将创客教育融入学科学习中，让学生在学习中获得实践经验和创新能力的培养。

（2）校内外的合作也是跨学段纵向贯通的重要环节。学校应积极与外部合作伙伴建立联系，包括创业企业、科研机构、社区组织等，共同组织创客教育项目和活动。通过与外部合作伙伴的合作，学生可以接触到更丰富的资源和实践机会，拓宽他们的视野，并与专业人士进行交流与合作。

（3）校院之间的协同也是实现纵向贯通的重要方式。不同学校和教育机构之间应加强沟通与合作，共享创客教育资源和经验。可以建立创客教育联盟或网络，定期举办交流活动、研讨会和培训课程，促进教师和学生之间的互动与合作，推动创客教育的发展与创新。

（4）跨学段纵向贯通的构建还需要建立起资源共享的机制。学校和教育机构可以建立创客教育资源库或平台，共享教学案例、教材、实验设备等资源，让更多的学校和学生能够获得创客教育所需的支持和资源。这样可以避免资源的浪费和重复投入，提高创客教育的效益和可持续性。

跨学段的纵向贯通是构建创客教育生态的关键要素之一。通过课内外融合、校内外合作、校院协同和资源共享等方式，可以促进不同学段之间的紧密衔接和协同发展，为学生提供持续而有序的创新创造路径，培养他们的创新思维、实践能力和创业精神，助力他们在未来的发展中取得成功。

第9章 开源硬件创客教育的未来发展趋势

9.1 技术进步和创新推动新的创客平台和应用不断涌现

技术进步和创新在当今社会中起到了至关重要的作用，尤其是在推动新的创客平台和应用的不断涌现方面。随着科技的不断演进，创客文化逐渐崭露头角，成为了现代社会中一个重要的创新力量。

首先，技术的不断进步为创客们提供了更为先进和多样化的工具。新兴技术领域如人工智能、区块链、生物技术等，为创客们开辟了新的创意空间。例如，借助人工智能，创客们可以开发出智能机器人、语音识别应用等；利用区块链技术，他们可以打造去中心化的应用平台。这些先进技术为创客们的创意提供了更广泛的应用场景，使他们能够创造出更加前沿和有价值的产品。

其次，创新精神的不断涌现促使了新的创客平台的兴起。从以前的 MakerSpace 到如今的在线开发社区，创客们可以在这些平台上分享他们的项目、经验和技术。这不仅促进了创新的传播，还鼓励了跨学科合作。通过与不同领域的创客互动，他们可以获得来自多个领域的灵感和反馈，从而加速创新的步伐。

在应用方面，创客们正在积极探索各个领域的问题并提出创新性的解决方案。例如，在可持续发展领域，创客们倡导使用可再生能源和智能能源管理系统来减少对环境的影响；在医疗领域，他们利用 3D 打印技术制造个性化的假肢和医疗器械；在教育领域，他们通过开发互动式教学工具来激发学生的兴趣和创造力。这些创新应用不仅为社会带来了实际的改变，也为创客们带来了商业化的机会。

总之，技术进步和创新的推动为创客文化注入了强大的活力。新的创客平台和应用的涌现不仅丰富了创客们的创意世界，也为社会的进步和发展贡献了力量。创客们将不断利用技术创新，不断突破创新的边界，创造出更多有益于人类和社会的创意和应用。这个过程将不断推动着创客文化的繁荣和发展。

9.2 教育理念与方法迈向学生中心与实践导向

教育理念与方法的转变向学生中心和实践导向迈进，是教育领域的一次重要革命，旨在更好地满足学生的学习需求和培养实际能力。这一转变不仅改变了传统的教育方式，还在培养学生综合素质和创新能力方面产生了深远影响。

首先，学生中心的教育理念将学生的学习需求置于教育的核心。传统教育往往以教师为中心，教师传授知识，学生被动接受。而现代的学生中心教育强调根据学生的兴趣、能力和学习风格来调整教学内容和方法。教师更像是引导者和合作伙伴，帮助学生主动参与、发现问题、解决问题。这种教育方式激发了学生的自主学习能力和创造力，使他们更加积极主动地探索知识。

其次，实践导向的教育方法注重将理论知识与实际应用相结合。过去，许多教育内容偏重于书本知识，而缺乏与实际生活和工作场景的联系。实践导向的教育方法通过引入真实案例、项目任务和实地考察，让学生能够将所学知识应用到实际情境中去解决问题。这种亲身体验培养了学生的问题解决能力、团队合作精神以及创新思维。

在实践导向的教育中，创客教育起到了重要作用。创客教育强调学生通过亲自动手制作物品，将理论与实践结合起来。学生在制作过程中不仅需要运用所学知识，还需要解决一系列实际问题。这培养了他们的实际操作能力、创造力和解决问题的能力。而且，创客教育强调开放式的探索，鼓励学生自主学习和探究，培养了他们主动学习的意识。

综合来看，将教育理念与方法转向学生中心和实践导向，有助于培养更具创造力、适应力和实际能力的新一代人才。这种教育方式不仅让学生在学习中更加积极主动，也让他们在实际生活和工作中更具竞争力。随着社会的不断发展和变化，学生中心和实践导向的教育模式将会继续演化，为培养更加全面发展的人才提供更好的途径。

9.3 跨学科融合

跨学科融合是开源硬件创客教育的重要特点之一，它强调不同学科之间的合作与交流，以培养学生更广泛的综合能力和创新思维。具体而言，开源硬件创客教育鼓励将科学、技术、工程、艺术和数学（STEAM）等领域相互融合，使学生能够更全面地理解问题、解决问题，并创造新的解决方案。

在开源硬件创客教育中，学生可能需要运用科学知识来理解物理原理，运用技术知识来设计和搭建硬件系统，运用工程知识来解决技术难题，运用艺术知识来设计外观和界面，运用数学知识来进行数据分析和建模等。这种跨学科的融合不仅拓展了学生的知识面，还培养了他们的综合能力和跨领域思维。例如，在设计一个智能家居系统时，学生不仅需要了解传感器和控制器的工作原理（科学和技术），还需要考虑如何将这些设备结合在一起（工程），以及如何使系统易于使用和美观（艺术）。同时，他们还需要使用数据分析来优化系统性能（数学）。这种综合的学科融合使学生能够更好地理解问题的多个方面，提出创新性的解决方案。

跨学科融合还有助于培养学生的合作能力和团队精神。在开源硬件创客项目中，学生可能需要与不同背景的同学合作，共同解决复杂的问题。他们需要分享各自的专业知识，互相学习和协作，以实现项目的成功。这不仅培养了学生的合作与沟通能力，还模拟了真实工作环境中的团队合作。

总之，跨学科融合是开源硬件创客教育的重要特点，它通过将不同学科知识和技能融合在一起，培养了学生更全面的综合能力、创新思维和合作精神。这种教育模式有助于培养适应未来社会需求的复合型人才。

9.4 创客教育国际化

创客教育的国际化发展是一个复杂而多样的过程，涵盖了教育体系、课程内容、教学方法、合作项目、竞赛活动等多个层面。以下将详细探讨创客教育国际化的不同方面以及其影响。

（1）教育体系的国际化：在创客教育国际化中，教育机构可以通过与其他国家的学校和机构建立合作关系，共同开展创客教育项目。例如，学校可以与跨国企业、国际组织以及其他国家的教育机构合作，共同开发创客教育课程、培训项目等。这种合作有助于吸引不同国家的学生参与，促进教育资源的共享和交流。

（2）跨文化合作项目：在创客教育国际化中，学生可以通过互联网和虚拟平台与来自其他国家的学生合作。他们可以一起解决全球性问题，共同开发创新的解决方案。这种跨文化合作培养了学生的团队合作能力、跨文化交流能力以及解决复杂问题的能力。

（3）国际化课程内容：创客教育国际化需要适应不同国家和地区的文化和背景。因此，教育机构可以根据不同国家的需求，调整创客教育的课程内容。例如，在国际化课程中可以融入当地的文化元素、实际案例和问题，使学生更好地理解创客思维和实践。

（4）国际性竞赛和活动：创客教育国际化促进了国际性竞赛和活动的发展。越来越多的国际性创客竞赛和创新活动吸引了来自不同国家的参与者。这些竞赛不仅是技术交流的平台，还促进了国际间的交流、合作和创新。

（5）跨学科融合和综合能力培养：创客教育国际化鼓励不同学科的融合，如科学、技术、工程、艺术和数学（STEAM）。学生可以在国际合作项目中学习和应用不同学科的知识和技能，培养综合能力和创新思维。

（6）跨国教育合作与交流：创客教育国际化促进了不同国家之间的教育合作与交流。教育者可以参与国际教育研讨会、研讨会等活动，分享教学经验、教育方法和最佳实践，从而不断提升创客教育的质量和效果。

（7）全球问题解决与可持续发展：创客教育国际化使学生更加关注全球性问题，如环境保护、可持续发展等。学生可以通过合作项目和竞赛，探讨并解决这些问题，培养跨文化、全球意识和社会责任感。

在实现创客教育国际化的过程中，也面临一些挑战。首先，不同国家的教育体制、文化差异和语言障碍可能会影响合作和交流。其次，教育资源的不平衡也可能限制一些国家学生的参与。此外，如何在国际化的背景下保持教育质量和特色也是一个需要考虑的问题。

总的来说，创客教育的国际化发展为学生提供了更广阔的机会和挑战，培养了跨文化交流、全球意识和创新能力，为未来全球社会的发展做出了积极的贡献。教育者和教育机构需要积极探索合作机会，借助互联网和全球化的优势，促进创客教育的国际化发展。

9.5　创客教育政策和机构支持

创客教育作为一种新兴的教育模式，近年来得到了越来越多的关注和支持。尤其是在许多国家，创客教育政策和机构的支持已经成为创客教育发展的重要推动力。本书将详细探讨创客教育政策和机构支持的发展趋势，以及它们对创客教育的影响。

（1）创客教育政策的制定和推动

在创客教育的发展过程中，政府机构和教育部门扮演着关键的角色。越来越多的国家开始制定创客教育政策，将创客教育纳入教育体系的重要组成部分。这些政策旨在推动创客教育在学校课程中的融入，鼓励学校开设创客教育课程、活动和项目。政府还通过提供资金、资源和支持，促进学校和机构开展创客教育活动。

（2）机构支持和合作

除了政府的支持，越来越多的教育机构、大学、科研机构和非营利组织也开始关注创客教育。它们提供创客教育的培训、课程、资源和设施，为教师和学生提供了更多的学习机会和实践机会。这些机构还与企业、社区合作，共同推动创客教育的发展，为学生提供实际的创新和创业机会。

（3）国际合作和交流

创客教育的发展趋势之一是国际合作和交流的增加。许多国家开始与其他国家和地区合作，共同推动创客教育的发展。教育机构、企业和非营利组织之间的国际合作促进了资源共享、经验交流和最佳实践的传播。国际合作还为学生提供了更广阔的视野，培养了跨文化交流和合作的能力。

（4）创新创业生态系统的构建

创客教育政策和机构支持的发展还促进了创新创业生态系统的构建。许多国家开始鼓励创新创业，提供创业培训、孵化器、加速器等支持。创客教育作为培养创新和创业精神的重要途径，成为创新创业生态系统的重要组成部分。学生通过创客教育，不仅获得了技术和实践能力，还培养了创新思维和创业意识。

（5）教师培训和专业发展

创客教育政策和机构支持的发展也关注教师培训和专业发展。教师是创客教育的重要推动者和实施者，他们需要掌握创客教育的理念、方法和技能。许多国家通过提供教师培训课程、研讨会和资源，帮助教师提升创客教育的教学能力。这有助于提高创客教育的质量和效果。

（6）激发学生兴趣和创造力

创客教育政策和机构支持的发展也旨在激发学生的兴趣和创造力。创客教育提供了一个自由的学习环境，鼓励学生探索、实践和创新。政策和机构支持的加强使得更多的学生有机会参与创客活动，从而培养了学生的创造力、问题解决能力和团队合作精神。

（7）推动教育改革和未来发展

创客教育政策和机构支持的发展不仅影响了创客教育本身，还推动了教育改革和未来发展。它强调了实践导向、学生中心的教育理念，鼓励学生积极参与、自主学习和创新实践。这对于培养适应未来社会需求的复合型人才具有重要意义。

尽管创客教育政策和机构支持的发展带来了许多积极影响，但也面临一些挑战和问题。首先，政策的贯彻和执行需要各方的合作和努力，包括政府、教育机构、企业和社会组织。其次，如何平衡标准化教育和创新教育，确保创客教育不仅是一时的热点，而是能够持续发展，也是一个需要思考的问题。

创客教育政策和机构支持的发展是创客教育发展的重要趋势之一。通过政策的制定、机构的支持和国际合作，创客教育得以融入教育体系，为学生提供了更多的学习机会和实践机会，培养了他们的创新能力、创业意识和全球视野。然而，需要持续的努力和合作，解决发展中的挑战，推动创客教育走向更加美好的未来。

9.6　可持续发展和社会影响

创客教育的发展趋势之一是可持续发展和社会影响。在当今社会，可持续发展已经成为全球关注的焦点，而创客教育正逐渐融入这一议程，通过培养学生的创新思维、解决问题的能力和社会责任感，推动着社会的积极变革。

（1）培养可持续创新思维

创客教育通过让学生参与实际的项目和实践，培养了他们的创新思维。这种创新思维不仅仅停留在技术层面，更关注如何用创新的方式解决社会和环境问题。学生在创客教育中学会考虑资源的合理利用、环境的保护和社会的可持续发展，从而在未来的创新中注重可持续性。

（2）社会问题导向的项目

创客教育越来越注重社会问题导向的项目。学生在创客活动中通常会选择一些与社会问题相关的主题，如环境保护、医疗卫生、教育改善等。他们通过创客的方式，设计和开发解决方案，将创新应用于解决现实中的社会问题，实现社会影响。

（3）社会创业和公益创新

随着创客教育的发展，越来越多的学生将创新应用于社会创业和公益创新。他们不仅仅是追求商业价值，更注重为社会创造积极的影响。通过创客教育，学生可以了解到创业可以为社会带来什么样的变革，如何利用创新来解决社会问题，从而在创业的道路上更加坚定和有方向。

（4）可持续发展教育的融入

创客教育越来越意识到可持续发展的重要性，开始将可持续发展教育融入创客教育中。学生在创客活动中不仅仅是完成一个项目，更是通过项目学习如何以可持续的方式设计、制造和运作，从而培养他们的可持续发展意识。

（5）社会合作和伙伴关系

创客教育的可持续发展也需要社会各界的合作和伙伴关系。教育机构、企业、政府和非营利组织可以共同合作，为学生提供创新项目、资源、指导和支持。这种合作可以将学生的创新项目与现实社会问题相结合，实现可持续发展的目标。

（6）教育的社会影响

创客教育的可持续发展不仅仅影响学生个体，也影响着整个社会。学生在创客教育中培养的创新思维和解决问题的能力，将为社会带来更多创新和变革。他们的创新项目和解决方案可能会成为解决社会问题的重要途径，为社会可持续发展做出贡献。

创客教育的发展趋势之一是可持续发展和社会影响。通过培养学生的创新思维、社会责任感和解决问题的能力，创客教育为社会的可持续发展提供了积极的动力。学生通过创客教育不仅仅是获取知识和技能，更是将创新应用于社会问题，实现社会影响和变革的重要参与者。这种趋势将进一步推动创客教育的深入发展，为社会的可持续发展做出贡献。

9.7 从终身学习到终身创造

创客教育的发展趋势之一是终身学习到终身创造。这个趋势反映了现代社会对于持续学习和不断创新的需求，强调了创客教育在个人和职业发展中的重要性，以及如何将创意和创新融入生活的各个方面。

（1）从学习到创造的连贯过程

终身学习到终身创造意味着学习和创造是一个连贯的过程。创客教育不仅仅是传授知识和技能，更强调学生如何将所学应用于实际项目中，从而创造出有价值的成果。这种过程激发了学生的创新思维和创造力，使他们能够不断地提出新的想法和解决方案。

（2）跨学科知识和技能的整合

终身学习到终身创造需要不断地获取新的知识和技能，而这些知识和技能通常跨越了不同的领域。创客教育通过将科学、技术、工程、艺术和数学等多个学科融合在一起，培养学生的综合能力。学生可以在创客活动中学习到多个领域的知识和技能，从而为他们未来的创造性工作提供了更广阔的视野。

（3）强调解决问题和创新的能力

终身学习到终身创造强调了解决问题和创新的能力。创客教育注重培养学生的批判性思维、创新思维和解决问题的能力。学生在解决实际问题的过程中，不仅仅是简单地应用所学知识，更是通过创造性的思考找到新的方法和解决方案。

（4）培养持续学习的意识

终身学习到终身创造需要个人具备持续学习的意识和动力。创客教育通过让学生从小就习惯于主动学习和不断追求新的知识，培养了他们终身学习的意识。学生通过不断地尝试、失败和改进，体验到学习是一个持续的过程，从而在未来的生活中保持学习的动力。

（5）鼓励探索和创新精神

终身学习到终身创造鼓励个人具备探索和创新精神。创客教育提供了一个自由的学习环境，让学生可以自主选择项目、自由尝试新的想法，并鼓励他们从失败中汲取教训，不断地探索和创新。这种精神将伴随学生一生，使他们能够在各个领域中不断地创造出新的价值。

（6）应用于职业和社会发展

终身学习到终身创造不仅仅在学术领域有所体现，也在职业和社会发展中具有重要意义。随着科技的发展和社会的变革，个人需要不断地更新知识和技能，以适应不断变化的环境。创客教育培养了学生的适应性和创新能力，使他们能够在职业生涯中不断地创造价值，适应不同的工作和挑战。

创客教育的发展趋势之一是终身学习到终身创造。这个趋势强调了创客教育在培养学生的综合能力、解决问题的能力和创新思维方面的重要性。学生通过创客教育不仅仅是获取知识和技能，更是培养持续学习和不断创新的意识，使他们能够在未来的生活和职业中不断地创造出新的价值。这种趋势将进一步推动创客教育的发展，为个人和社会的可持续发展做出贡献。

9.8　社区参与与合作

社区参与与合作在创客教育中具有重要意义，它促进了知识共享、资源整合以及集体创新，为学生提供了更广阔的学习和创造平台。创客教育通过社区参与和合作，实现了学生、学校、家庭和社会之间的紧密联系，推动了创新教育的深入发展。

（1）共享知识和资源

社区参与与合作可以促进知识和资源的共享。不同个体在创客教育中可以分享自己的知识、技能和经验，从而推动创意和创新的发展。学校、教育机构、社会组织和行业界都可以为创客教育提供丰富的资源，包括设备、材料、技术和人才，从而丰富了学生的学习体验，拓展了他们的创造空间。

（2）跨界合作与多元化视角

社区参与与合作可以实现跨学科和跨领域的合作。创客教育鼓励学生从不同领域汲取灵感和知识，将多元化的视角融入创新中。社区的多元化组成可以为学生提供来自不同文化、背景和领域的观点，促进交流、合作和集体创新。

（3）实践与应用导向

社区参与与合作将学生的学习与实际应用紧密结合。通过与社区合作，学生可以将所学知识和技能应用于解决实际问题，从而增强了学习的实用性和深度。他们可以通过合作项目、社区服务等方式，将创新和创造应用于解决社会问题，为社区带来实际价值。

（4）培养合作与沟通能力

社区参与与合作培养了学生的合作和沟通能力。在合作过程中，学生需要与他人共同协作、协调资源和分工合作，从而培养了团队合作和领导能力。他们还需要与社区成员和合作伙伴进行有效的沟通，从而提高了沟通与协商的能力。

（5）社会责任感与参与意识

社区参与与合作培养了学生的社会责任感和参与意识。通过参与社区项目和服务，学生更加关注社会问题，认识到自己的创新和创造可以为社会带来积极影响。他们逐渐形成了积极参与社会的意识和习惯，为社会可持续发展贡献力量。

（6）鼓励创新与创业

社区参与与合作也可以激发学生的创新和创业意识。在社区中，学生有机会将自己的创意付诸实践，从而培养了创新和创业的能力。他们可以通过创客项目、社区活动等方式，将自己的创新成果转化为商业价值，实现自己的创业梦想。

综上所述，社区参与与合作在创客教育中具有重要意义。它不仅丰富了学生的学习资源和体验，还培养了他们的合作、沟通、创新和社会责任感。通过社区的支持和合作，创客教育将更好地实现学生中心、实践导向的教育目标，为培养创新人才和推动社会进步做出贡献。

9.9　ChatGPT 等大型语言模型的广泛应用

在开源硬件创客教育中，ChatGPT 具有多重应用：它可以为学生提供项目指导、学习资源整合和编程辅助，模拟实验演示，促进创意激发与设计，解答问题和故障排除，甚至进行虚拟仿真与模型验证。作为一个交互式伙伴，ChatGPT 在学生的创客学习过程中扮演着指导者、问题解答者和创意助推者的角色，丰富了他们的学习体验，提升了他们的技能和创新能力。

（1）学习资源与指导

在开源硬件创客教育中，大型语言模型如 ChatGPT 扮演着重要的学习资源与指导角色。学生可以向 ChatGPT 提出有关电子元件使用、编程语言、硬件连接等方面的问题，获取即时的指导和解答。此外，ChatGPT 可以提供编程教程、电路设计指南等学习资源，帮助学生充实他们的知识库。无论是初学者还是有经验的创客，都可以从 ChatGPT 的丰富知识库中获益，加速学习进程，提升技能水平。这种个性化的学习经验能够满足学生在硬件创客领域不同的学习需求和兴趣方向。

（2）创意激发与项目构思

在开源硬件创客教育中，大型语言模型如 ChatGPT 在创意激发与项目构思方面扮演着重要角色。学生可以与 ChatGPT 进行创意讨论，分享他们的项目愿景和构思，从而获得新的创意灵感和方向。ChatGPT 不仅可以提供关于类似项目的案例和创新思路，还可以引导学生思考不同的设计选项、解决方案和改进方法。这种交互式的创意过程有助于拓展学生的思维边界，激发创造力，并推动他们将创意转化为实际可行的项目。无论是初步构想还是进一步完善，ChatGPT 都能在学生的创意探索中发挥积极作用，促进他们在创客领域的创新和突破。

（3）项目规划与管理

大型语言模型如 ChatGPT 在开源硬件创客教育中，扮演着项目规划与管理的重要角色。学生可以利用 ChatGPT 来协助规划他们的创客项目。他们可以与 ChatGPT 共同讨论项目的目标、范围、时间表以及所需资源，从而制定出合理的项目计划。此外，ChatGPT 还可以提供项目管理方面的实用建议，帮助学生合理分配任务、监控进度，以及应对可能出现的挑战。通过与 ChatGPT 的互动，学生能够更好地组织和管理项目，确保项目按计划顺利进行，从而培养他们在团队合作和项目管理方面的实践能力。

（4）编程辅助和代码解释

在开源硬件创客教育领域，大型语言模型如 ChatGPT 在编程辅助和代码解释方面发挥着重要作用。学生在编写代码时可能遇到语法错误、逻辑问题或技术难题，这时候 ChatGPT 可以成为他们的智能编程伙伴。学生可以向 ChatGPT 提出有关编程的问题，获得及时的代码解释、调试建议和实用示例。ChatGPT 可以帮助学生克服编程挑战，解释复杂的编程概念，甚至指导学生如何优化代码和改进算法。通过与 ChatGPT 的交互，学生能够在编程学习过程中获得有针对性的帮助，提高他们的编程技能和自信心，从而更好地应对开发项目的编程任务。

（5）实验演示与虚拟仿真

在开源硬件创客教育中，大型语言模型如 ChatGPT 在实验演示与虚拟仿真方面具有显著的应用价值。学生可以通过与 ChatGPT 的对话，模拟硬件实验过程，深入理解电路原理和组件工作方式。通过描述电路图和组件连接，学生可以让 ChatGPT 模拟电路的运行，从而直观地了解实验效果。此外，ChatGPT 还可以支持虚拟仿真，帮助学生评估不同设计选择的性能和效果。通过这种虚拟的实验和仿真，学生能够在没有实际硬件的情况下进行深入学习，提前预测实验结果，加速他们的学习和实践过程。

（6）知识传递与自主学习

大型语言模型如 ChatGPT 在开源硬件创客教育中扮演着知识传递与自主学习的关

键角色。学生可以通过与 ChatGPT 进行对话，获取关于电子元件、编程语言、硬件设计等领域的广泛知识。ChatGPT 不仅可以回答学生的问题，还可以提供深入的解释、实用建议和实例，帮助他们在学习过程中建立知识体系。此外，ChatGPT 还可以为学生推荐学习资源、教材、在线课程等，促使他们进行自主学习。通过与 ChatGPT 的互动，学生能够以个性化的方式获取所需的知识，不仅满足课堂需求，还鼓励他们在创客领域进行深入探索，培养自主学习的能力。

（7）创业和创新

在开源硬件创客教育中，大型语言模型如 ChatGPT 在创业和创新方面发挥着积极作用。通过与 ChatGPT 的交流，学生可以获取有关创业和创新的指导和建议，了解市场趋势、商业模式以及创新实践。ChatGPT 可以帮助学生分析他们的创意项目的商业潜力，探索市场需求，并提供市场定位、竞争分析等方面的建议。此外，学生还可以与 ChatGPT 讨论他们的创新想法，获得反馈和评估，从而在创业和创新的道路上更加自信和明确。通过与 ChatGPT 的互动，学生能够更好地将创意转化为实际行动，培养创业精神和创新能力。

（8）多元交流与学习社区

大型语言模型如 ChatGPT 在开源硬件创客教育中能够促进多元交流与学习社区的形成。ChatGPT 作为一个智能对话伙伴，可以在在线交流平台上与学生和其他创客进行互动。它可以在社区中充当导师、顾问和合作伙伴的角色，与不同背景的学生分享经验、知识和创意。这种互动可以促进跨学科的合作，鼓励多领域的交流与创新。ChatGPT 还可以促使学生在社区中分享他们的项目经验、解决方案和学习成果，为整个社区提供有价值的信息和资源。通过多元的交流与学习社区，学生能够建立联系、拓展视野，并从不同的声音中汲取灵感，进一步培养他们的创新和合作能力。

参考文献

[1] Chris Anderson. 创客：新工业革命[M]. 北京：中信出版社，2012.

[2] Banzi M. Getting Started with Arduino: The Open Source Electronics Prototyping Platform[R]. Maker Media, Inc, 2011.

[3] Martin L. The Promise of the Maker Movement for Education[J]. Journal of Pre-College Engineering Education Research(J-PEER), 2015, 5(1): Article 4. https://doi.org/10.7771/2157-9288.1099.

[4] 张广萍，刘俊强. 高校创客教育存在的问题及对策[J]. 中国教育技术装备，2021（2）：17-18，22.

[5] https://www.oshwa.org/2021/7/21/the-state-of-open-source-hardware-in-2021/.

[6] https://stateofoshw.oshwa.org/.

[7] Jason Alexander, Yvonne Jansen, Kasper Hornbæk, et al. 2015. Exploring the Challenges of Making Data Physical[C]. In Proceedings of the 33rd Annual ACM Conference Extended Abstracts on Human Factors in Computing System(CHI EA'15). ACM, New York, NY, USA, 2417-2420, 2015.

[8] Nørgård, Rikke Toft, Paaskesen, Rikke Berggreen. Open-Ended Education: How Open-Endedness Might Foster and Promote Technological Imagination, Enterprising and Participation in Education[J]. Conjunctions, 3(1): 3916. https://doi.org/10.7146/tjcp.v3i1.23630.

[9] Liu B, Wu Y, Xing W, et al. The role of self-directed learning in studying 3D design and modeling[J]. Interactive Learning Environments, 2023, 31(3): 1651-1664.

[10] Yanlin Z.Path Analysis for the Implementation of Maker Education in Colleges and Universities in USA[J]. Open Education Research, 2015.

[11] Silva C E L, Esteves F D A, Narcizo R B, et al. Concepts and Criteria for the Characterization of the Entrepreneurial University: A Systematic Literature Review[J]. EJournal Publishing, 2018(3). DOI: 10.18178/JOEBM.2018.6.3.552.

[12] Gilboy M B, Heinerichs S, Pazzaglia G.Enhancing Student Engagement Using the Flipped Classroom[J]. Journal of Nutrition Education and Behavior, 2015. DOI: 10.

1016/j.jneb.2014.08.008.

[13] Barrett T W, Pizzico M C, Levy B, et al. A review of university maker spaces[J]. 2015.

[14] 王震宇. 高校创客教育发展现状及问题研究［J］. 教育教学论坛，2018（40）：126-127.

[15] 杨燕芳，王宏伟. 创客教育在高校创新创业教育中的应用研究［J］. 科技信息，2019（23）：165-166.

[16] 谢佳佳，杨文婷. 高校创客教育与学生创新能力培养研究［J］. 科教导刊，2018（30），168.

[17] Naiyue S, Diqian M, Xiangwang M.Analysis of the Construction and Development of the Makerspace of University Libraries in China under the Perspective of "Double First-class" [J]. Library Work and Study, 2018.

[18] Dongqin W U, Lili G.A Study on the Development Model for Education of Makers in Colleges and Universities[J]. Journal of Higher Education, 2019.

[19] Li Y, Liping W, Yanling L.Research on Makerspace in Higher Education in the Era of "Internet+"[J]. Journal of Pingxiang University, 2017.

[20] 朱婧. 基于创客空间的高校创客教育发展模式研究[J]. 中国管理信息化，2021，24（05）：216-218.

[21] https://www.sohu.com/a/655189234_121124018.

[22] Halverson, E.R., & Sheridan, K.M. (2014). The maker movement in education. Harvard Educational Review, 84(4), 495-504.

[23] Looney B.From the Teachers' Perspective: Negotiating the Collaborative Nature of Maker Education in a K-12 Setting[J]. 2021.DOI: 10.3102/1586499.

[24] Kylie P, Sophia B. Maker movement spreads innovation one project at a time[J]. Phi Delta Kappan, 2013, (3): 22-27.

[25] 卢雅，杨文正，许秋璇，等. 设计思维导向的开源硬件教学模式构建与应用研究[J]. 电化教育研究，2021，42（1）：100-106. DOI: 10.13811/j.cnki.eer.2021.01.014.

[26] Yokana L.Capture the Learning: Crafting the Maker Mindset[J]. 2014.

[27] Martin, L.M., & Haines, C. (2016). The maker movement: A transdisciplinary opportunity for K-12 educators.TechTrends, 60(5), 504-511.

[28] Ertmer P A, Ottenbreit-Leftwich A.Removing obstacles to the pedagogical changes required by Jonassen's vision of authentic technology-enabled learning[J]. Computers & Education, 2013, 64(may): 175-182. DOI: 10.1016/j.compedu.2012.10.008.

[29] https://mp.weixin.qq.com/s/LHcCIrrEAes8Nqk7yhkx7Q.

[30] Piaget, J.(1950). The Psychology of Intelligence.Routledge.

[31] Bruner, J.S.(1960). The Process of Education.Harvard University Press.

[32] Hmelo-Silver, C.E., & Pfeffer, M.G. (2020). Designing for cognitive engagement in classrooms: The challenge of disciplinary integration.Journal of the Learning Sciences, 29(1), 48-79.

[33] Kumpulainen K, & Sefton-Green, J.(Eds.). (2020). Debates in the Digital Humanities: Envisioning New Territories. Routledge.

[34] Dewey J.(1938). Experience and Education.Kappa Delta Pi.

[35] Ennis, R.H.(1989). Critical Thinking and Subject Specificity: Clarification and Needed Research.Educational Researcher, 18(3), 4-10.

[36] Paul R.(1995). Critical Thinking: How to Prepare Students for a Rapidly Changing World.Foundation for Critical Thinking.

[37] Abrami P C, Bernard, R.M., Borokhovski, E., Waddington, D.I., Wade, C.A., & Persson, T.(2015). Strategies for Teaching Students to Think Critically: A Meta-Analysis.Review of Educational Research, 85(2), 275-314.

[38] Vygotsky LS.(1978). Thought and Language. MIT Press.

[39] Cobb P, Confrey J., DiSessa, A., Lehrer, R., & Schauble, L.(2003). Design Experiments in Educational Research. Educational Researcher, 32(1), 9-13.

[40] Rogoff, B., Paradise, R., Arauz, R.M., Correa-Chavez, M., & Angelillo, C.(2003). Firsthand Learning through Intent Participation.Annual Review of Psychology, 54(1), 175-203.

[41] Mercer N., & Littleton, K.(2007). Dialogue and the Development of Children's Thinking: A Sociocultural Approach. Routledge.

[42] Scardamalia M., & Bereiter, C.(2014). Knowledge Building and Knowledge Creation: Theory, Pedagogy, and Technology.In J.M.Spector, M.D.Merrill, J.Elen, & M.J.Bishop (Eds.), Handbook of Research on Educational Communications and Technology(4th ed., pp.577-587). Springer.

[43] Piaget J.(1972). The Psychology of the Child.Basic Books.

[44] Vygotsky L.S.(1978). Mind in Society: The Development of Higher Psychological Processes. Harvard University Press.

[45] Bruner J.S.(1996). The Culture of Education.Harvard University Press.

[46] Liu Y., & Hmelo-Silver, C.E.(2021). Constructivism in the Digital Age: A Review of Current Research in Technology-Enhanced Constructivist Learning.Educational Psychology Review, 33(4), 1063-1097.

[47] Salovey, P., & Mayer, J.D.(1990). Emotional Intelligence.Imagination, Cognition and Personality, 9(3), 185-211.

[48] Krechevsky, M.(1999). Making Learning Whole: How Seven Principles of Teaching Can Transform Education.Jossey-Bass.

[49] Gross, J.J.(2001). Emotion Regulation in Adulthood: Timing is Everything.Current Directions in Psychological Science, 10(6), 214-219.

[50] Brackett, M.A., Bailey, C.S., Osher, D., & Wupperman, P.(2021). Emotional Intelligence and School Success: The Mediating Role of Social Support and Problem Behaviors. Journal of Applied Developmental Psychology, 77, 101314.

[51] Dewey, J.(1933). How We Think: A Restatement of the Relation of Reflective Thinking to the Educative Process.D.C.Heath and Company.

[52] Piaget, J.(1972). The Psychology of the Child.Basic Books.

[53] Flavell, J.H.(1979). Metacognition and Cognitive Monitoring: A New Area of Cognitive-Developmental Inquiry.American Psychologist, 34(10), 906-911.

[54] Schraw, G.(1998). Promoting General Metacognitive Awareness. Instructional Science, 26(1-2), 113-125.

[55] Zimmerman, B.J.(2000). Attaining Self-regulation: A Social Cognitive Perspective.In M.Boekaerts, P.R.Pintrich, & M.Zeidner(Eds.), Handbook of Self-regulation(pp.13-39). Academic Press.

[56] Hadwin, A.F., Järvelä, S., & Miller, M.(2018). Self-regulated Learning, Co-regulation, and Shared Regulation in Collaborative Learning Environments. In D.H.Schunk & J.A.Greene(Eds.), Handbook of Self-regulation of Learning and Performance(2nd ed., pp.68-88). Routledge.

[57] https://nevonprojects.com/arduino-projects/.

[58] https://nevonprojects.com/raspberry-pi-projects/.

[59] https://randomnerdtutorials.com/alexa-echo-with-esp32-and-esp8266/.

[60] https://cloud.tencent.com/developer/article/1541206.

[61] https://www.youtube.com/watch?v=6a_rykLlN3k.

[62] https://www.youtube.com/watch?v=exhIvvogbsg.

[63] https://www.tsinghua.edu.cn/info/1662/57070.htm.

[64] https://blog.csdn.net/weixin_49821504/article/details/130444390.

[65] Suttmeier R P, Cao C, Simon D F.China's Innovation Challenge and the Remaking of the Chinese Academy of Sciences[J]. Innovations Technology Governance Globalization, 2006, 1(3): 78-97.DOI: 10.1162/itgg.2006.1.3.78.

[66] Martinez S L.Invent to Learn: Making, Tinkering & Engineering in the Classroom[J]. [2023-07-15].